게으른 자를 위한
아찔한 화학책

게으른 자를 위한

아찔한 화학책

이광렬 지음

건강에 진심인 화학자가 찾은
독 탈출 가이드 60

블랙피쉬
Black Fish

프롤로그

게으른 자가 독을 피해서 가는 아찔한 항해에서 살아남는 법

우리는 '해독'이라는 말이 일상적으로 사용되는 시대에 살고 있습니다. '우리가 먹고 마시고 만지는 많은 것들이 독으로 범벅이 되어 있다', '중금속과 유독한 화학 물질을 우리 몸에서 내보내야 한다'와 같은 공포 마케팅이 판을 치고 있고 거기에 솔깃해진 우리들의 주머니는 매번 가벼워집니다. 정체를 알 수 없는 '해독 주스'나 '디톡스 요법'에 돈을 쓰면서 말이지요.

우리는 왜 독이라는 말에 이렇게 민감하게 반응을 할까요? 그것은 아마도 우리의 몸을 이루는 모든 것이 화합물이고 생명 자체가 화학 현상이기 때문일 것입니다. 우리 몸 밖에서 들어오는 음식, 약, 그리고 독의 형태를 띠는 화합물들이 우리 몸 안에서 일어나는 화학 현상을 심하게 방해를 하거나 촉진하면 생명이 멈추어 버릴 수도 있으니까요.

지금 이 순간에도 우리는 탄수화물, 지방, 단백질을 먹고 그것을 분해하여 에너지를 만들거나 몸속에서 효소를 만들고 그 효소를 이용하여 생명 유지에 필요한 다양한 화합물들을 만들고 있지요. 이러한 음식의 형태를 띠는 화합물들은 적당히 잘 섭취하면 건강을 유지하는 데 큰 도움이 됩니다. 때로는 우리 몸이 원하지 않거나 필요로 하지 않는 화합물도 몸속으로 들어올 때가 있지요. 뱀의 독이 그렇고 오존이 그렇고 수은도 그러합니다. 이러한 필요 없는 것들을 적극적으로 피하면 건강을 유지할 수 있습니다.

우리 몸에 해악을 끼치는 물질들을 독이라고 통칭하여 부른다면 세상에 독이 많은 것은 사실입니다. 하지만 언제나 '해독'과 '디톡스'를 부르짖어야 할 정도로 걱정스러운 것도 아닙니다. 독이 어떻게 우리 몸을 망치는지 그 과정을 자세히 아는 것만으로도 어떤 물질들이 독이 되는지, 무엇을 조심해야 하는지를 알 수 있기 때문에 불필요한 공포에서 벗어날 수 있고 독을 확실히 피할 수도 있게 됩니다.

그런데 많은 분들이 독이 어떻게 우리에게 해악을 끼치는지 그리고 어디에 있는지 잘 알지 못합니다. 건강에 좋은 음식과 약이 서로 만나서 몸에 해를 끼칠 수도 있다는 것을 듣기는 했으나 정확히 어떤 조합이 그러한지 모릅니다. 이러한 것에 대해 잘 알지 못하면 공포 마케팅의 희생양이 되기 쉽습니다. 이 책은 독이 어디에 있는지 잘 모르는 분들에게 독의 종류를 알려 드리고, 서로 섞으면 안 되는 음식과 약의 조합도 알려 드립니다. 이러한 지식은 '디톡스/해독'을 앞세운 공포 마케팅을 직시하고 독의 본질을 꿰뚫어 볼 수 있는 눈을 길러 줄 것입니다.

세상은 수많은 독이 깔려 있는 무서운 곳입니다. 하지만 어디에 위험이 도사리는지 정확히 볼 수 있다면 그다지 무섭지 않을 수도 있습니다. 그러므로 안전하고 행복한 삶을 위해서 꼭 필요한, '독을 피해 항해해 나가는 것을 도와주는 나침반'과 같은 지식을 가져 보시길 권합니다.

차례

1부 /// 독과 음식

1장 독이 있는 음식

2장 많이 먹어서, 안 먹어서 만드는 병

3장 약을 죽이는 음식

6장 세포 속 비밀

게으른 자들이여.
이 염라대왕 나무늘보가 친히
독과 음식에 대해 알려 주지.
건강하게 살고 싶다면
잘 따라오거라.

1부

독과 음식

1장

독이 있는 음식

1

조개가 독을 품을 때는?

'시원하다'라는 표현이 잘 어울리는 식재료가 있지요. 시원한 바지락 국물에 넣고 만든 칼국수, 시원한 홍합탕, 술에 부대낀 속이 확 풀리는 시원한 굴국밥 등 패류는 우리나라 음식을 특징짓는 감칠맛 나는 국물을 만드는 데 더할 나위 없이 좋은 재료입니다. 그런데 이런 조개류를 먹을 때 조심해야 하는 것이 하나 있습니다. 바로 적조가 발생하고 난 다음에 채취한 조개는 피하는 것이 안전하다는 것입니다. 왜 그럴까요? 자세히 알아봅시다.

조개는 바닷물에서 플랑크톤을 걸러서 먹습니다. 모래와 같은 찌꺼기는 뱉어 냅니다. 생조개를 펄이나 모래에서 채취한 다음에 깨끗한 소금물에 담가 놓고 내버려두면 깨끗했던 물이 조개가 뱉어 낸 흙과 모래로 뿌옇게 더러워져 있지요? 이걸 해감이라고 합니다. 바닷물에서 먹잇감을 얻기 위해 물을 흡입하고 걸러 내고 그 찌꺼기

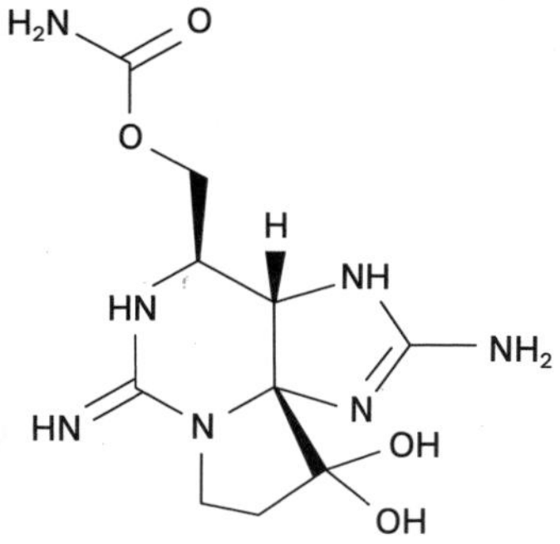

삭시톡신

를 뱉는 조개의 습성을 이용하여 조개를 먹기 좋게 만드는 과정이지요.

앞에서 얘기한 적조는 조류algae의 개체 수가 엄청나게 많이 불어나서 생기는 현상이지요. 그러니 조개 입장에서는 갑자기 바닷물에 먹잇감이 아주 많이 늘어난 것입니다. 조개는 신나게 조류를 바닷물에서 걸러 섭취하는데 문제는 조류 속에는 우리 몸에 해로운 독이 들어 있을 수 있다는 것입니다. 그중에서도 삭시톡신saxitoxin이라는 신경독은 정말 무시무시한 살상력을 가집니다. 모래 알갱이의 1/10 크기 정도의 양만큼 이 물질을 사람이 먹었을 때 숨을 못 쉬게 되어 사망할 수 있고 모래 알갱이의 1/100 크기만큼 주사를 하여도 같은 결과가 나타날 수가 있지요.

많은 분들이 '조개에 독이 있어도 상관없어. 구워 먹으면 독이 없어지니까 말이야'라고 생각하고 그걸 믿지요. 그런데 어떡하나요?

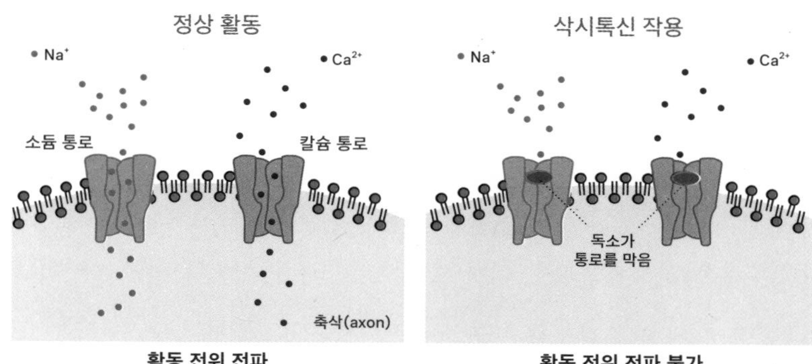

삭시톡신은 열에 아주 안정한 작은 분자예요. 조개를 삶거나 불판에 놓고 구워도 이 독은 없어지지 않아요.

이러한 패류에 들어 있는 독의 양이 대체 어느 정도인지 일반인들은 알 수가 없습니다. 언제 적조가 발생했는지 아무도 신경 안 쓰잖아요. 그러므로 수시로 수산물의 안전성을 검사하는 정부 기관의 통제에 있는 유통 경로를 따르는 조개류를 구매하여 섭취하는 것이 안전합니다. 여름에 바닷가에 가서 손수 갓 캐낸 자연산 조개가 반드시 안전하다는 보장이 없다는 것을 꼭 기억하면 좋겠네요.

다시 이야기하지만 조개, 굴, 홍합과 같은 패류는 바닷물에 있는 먹잇감을 걸러서 먹습니다. 그런데 만약 바닷물 속에 세균이 있다면 어떨까요? 그 세균도 조개가 먹겠다고 달려들겠지요? 바로 그렇기 때문에 따뜻한 바닷물에서 잘 자라는 비브리오균은 5월에서 10월 정도 사이에는 조개 몸속에 늘 있다고 생각을 해야 해요. 실제로 우리나라의 경우에는 1월을 제외하고는 언제나 조개에서 비브리오균이 검출된다는 연구 결과가 있습니다. 비브리오균은 감염이 되면 살이 썩어 들어가는, 치사율이 매우 높은 무시무시한 균인 것은 많이들 아시지요? 비브리오균이 조개 체내에 있을 수 있는 따뜻하거나 더운 계절에는 절대로 조개를 날것으로 먹으면 안 되겠습니다. 하나 다행인 것은 비브리오균은 조개를 충분히 가열하면 다 죽는다는 것이니 잘 조리해서 드시면 문제없을 것입니다.

게으른 자를 위한 화학 TIP

패류는 마그네슘, 필수 아미노산 등이 풍부한 훌륭한 음식 재료입니다. 하지만 수온이 따뜻할 때는 비브리오균에 감염될 수 있으니 생식을 하지 않는 것이 안전하고, 가열해서 먹더라도 삭시톡신과 같은 독소가 검출되지 않은 안전한 제품을 정식 유통망을 통해서 구입해 먹는 것이 좋겠습니다. 삭시톡신은 가열을 해도 그 구조가 그대로 유지되는 매우 무서운 독이니까요. 그러므로 조개는 '정식 유통망을 거친 제품을 가열해서 먹는 것'이 가장 안전한 섭취 방법입니다.

2

강낭콩을 먹는 위험한 방법

채식을 주로 하는 사람들에게 콩은 단백질을 채워 주는 아주 소중한 음식이지요. 그런데 왠지 콩을 샐러드로 먹을 때 푹 익혀 먹으면 안 될 것 같다는 생각도 듭니다. '이걸 너무 익혀 먹으면 비타민을 다 파괴하니 안 좋을 것 같은데?' 하는 마음도 들고 그래서 콩을 익히는 둥 마는 둥 살짝만 익혀서 섭취하고 싶은 유혹에 흔들릴 수도 있지요.

콩에는 렉틴lectin이라는 단백질이 많이 있습니다. 탄수화물에 결합을 잘하는 단백질인데 이 렉틴 단백질을 너무 많이 섭취하게 되면 피에 있는 적혈구들끼리 서로 뭉치게 만듭니다. 이 단백질은 내장 세포 표면에 들러붙어서 다양한 미네랄 성분의 흡수를 방해할 수도 있어요. 별로 건강에 좋지 않은 소리지요? 맞습니다. 렉틴은 건강에 악영향을 끼칠 수 있어요. 콩 중에서도 특히 강낭콩은 유독 이 적혈구를 뭉치게 하는 렉틴 단백질이 많습니다. 익히지 않은 강낭콩 너덧 개만 먹어도 속이 메스껍거나, 토하거나, 설사가 나는 등의 독성에 의한 증상이 나타날 수 있습니다. 방귀가 많이 나오기도 하고요.

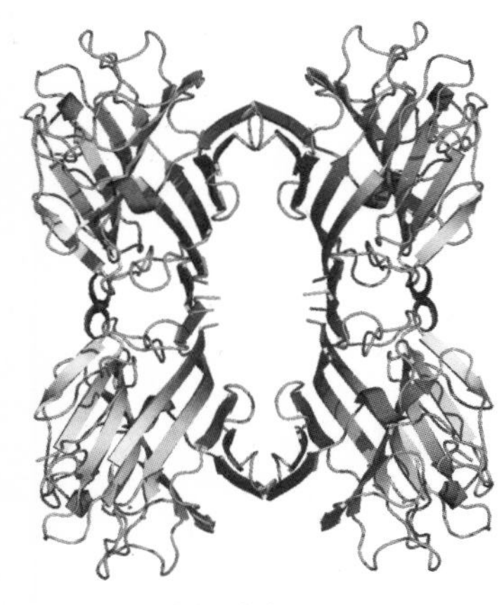
렉틴 단백질 3차원 구조

'어, 그러면 강낭콩을 먹는 것이 정말 위험한 거네요?'라는 질문을 하실 수 있는데 그럴 수도 있고 아닐 수도 있습니다. 어떻게 요리하는가에 달린 것이니까요. 대부분의 단백질이 그러하듯이 렉틴 단백질도 고온에서 가열하면 구조가 변성이 되고 원래의 성질을 잃어버리게 되지요. 끓는 물에 10분 이상 가열을 하면 대부분의 렉틴 단백질이 변성되어 더 이상 우리 몸에 나쁜 영향을 못 끼칩니다. 콩을 넣고 같이 밥을 짓는다든지 백설기 위에 강낭콩을 얹고 고온에서 찐다든지 했을 때 아무 문제가 없어요. 잘 익은 콩은 아주 좋은 단백질의 공급원입니다. 독이 아니고요.

하지만 '콩에서 단백질도 얻고 비타민도 얻어야지' 하는 생각을 가진 분들이 있다는 것이 문제지요. 채소든 곡류든 간에 '불을 써서 가공하지 않은 것이 최고야'라는 생식 예찬론도 문제고요. 왜 콩에서 비타민을 얻어야 하나요? 다른 음식에서 얻어도 되잖아요. 여러 가지 음식을 골고루 잘 먹으면 몸에 필요한 영양소를 다 얻을 수 있습니다. 하나의 음식만 고집하는 것이나 특정 요리법을 신봉하는 것은 건강을 망치는 지름길일 수 있다는 것을 꼭 기억합시다.

다시 한번 강조하겠습니다. 콩은 푹 익혀서 먹어야 안전한 식품입니다. 그러니 이런 마음가짐을 가지는 것이 필요할 것 같네요. '꼭 콩에서 필수 비타민을 다 섭취할 필요가 있어? 그냥 단백질만 얻자. 콩은 단백질 식품이니까.'

게으른 자를 위한 화학 TIP

샐러드 가게에서 나오는 강낭콩이 푹 익힌 것이 아니고 풋내가 난다면 그 가게는 반드시 피하세요. 건강한 한 끼를 위한 샐러드가 내 몸을 망치는 독을 가지고 있을 수도 있으니까요. 피마자 씨앗에 있는 맹독성 물질 리신(ricin)도 렉틴 단백질의 일종이라는 것을 알면 앞으로는 콩을 꼭 잘 익혀 드실 것 같다는 생각이 드는군요. 😊

3

고사리는 왜 오랫동안 삶고 말려서 먹을까?

우리의 선조들은 힘들고 어려운 시기를 많이 지나왔습니다. 초근목피 이외에는 아무것도 먹을 것이 없는 보릿고개도, 전쟁 통에 농사를 짓지 못해서 먹을 것이 없는 시기도 거쳐 왔지요. 그 시절 고사리는 큰 축복이었을 것입니다. 아직 끝이 돌돌 말려 있는 어린 고사리를 따서 삶고 말리고 다시 그것을 물에 불려 삶아서 나물도 하고 죽도 끓여 먹었지요. 생고사리 무게의 무려 4.5%가 단백질이니까 어려운 시절에는 고기와 다를 바 없는 귀한 식량이었지요.

그런데 처음부터 고사리를 삶고 말렸을까요? 아마 아니었을 것입니다. 생고사리를 살짝만 데쳐서 먹기도 했을 것입니다. 그런데 생고사리에는 무시무시한 비밀이 숨어 있어요. 생으로 먹으면 내장 출혈을 일으키고 실명을 유발하는 프타퀼로사이드ptaquiloside라는 물질을 섭취하게 됩니다. 이 물질은 식도암과 위암을 일으키는 발암 물질이기도 해요. 저 고사리를 먹기는 먹어야겠는데 먹으면 아프니 고사리의 독을 제거하는 방법을 강구하다가 삶고 말리는 방법을 찾아내었을 것입니다. 실제로 고사리를 삶고 말리고 그것을 다시 물에 불리고 그 물을 버리고 다시 깨끗한 물에 불리는 과정을 반복하면 고사리에 있는 독을 거의 다 제거할 수 있으니 고사리나물 반찬을 굳이 피할 필요는 없습니다.

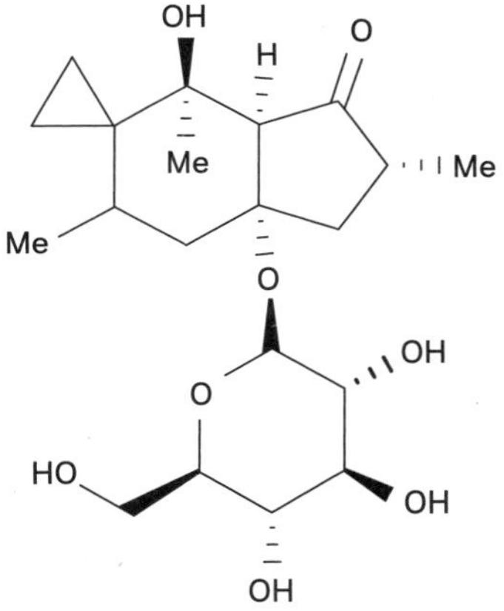

프타퀼로사이드

우리나라에는 세상 그 어떤 나라보다도 산에서 나는 나물로 반찬을 해 먹는 문화가 잘 발달해 있지요. 대부분의 경우 산나물을 삶고 말리는 과정을 거칩니다. 말린 나물을 물에 불리고 다시 삶아서 쓰기도 합니다. 이런 과정을 통해 식물에 혹시나 남아 있을 독소를 물에 녹여서 제거하고 식물에 들어 있는 단백질을 안전하게 섭취할 수 있습니다.

신선한 채소를 사용하여 만드는 샐러드를 보면서, 우리는 왜 이렇게 해 먹지 않고 굳이 삶고 말려서 시커먼 나물을 만들어 먹을까 하고 궁금하게 생각하셨을 수도 있겠습니다. 하지만 수많은 산나물들 중 가장 독성이 강한 고사리조차 먹을 것으로 만드는 우리 조상의 지혜는 정말 자랑스러운 것입니다. 앞으로도 묵나물을 만들어 먹는 우리의 문화가 계속 잘 지켜지기를 바라 봅니다.

게으른 자를 위한 화학 TIP

고사리에 있는 이 프타퀼로사이드는 고사리가 자라는 땅으로도 스며들어요. 고사리를 뜯어 먹은 소나 양의 젖에도 들어갈 수 있습니다. 노지에 소나 양을 풀어놓지 않는 우리나라의 경우는 큰 문제가 없겠지만 고사리가 자라는 주변의 풀을 잘라서 소의 사료로 준다면 소에게 독을 주게 되는 것일 수도 있으니 조심해야겠습니다.

4

감자에 싹이 나서 잎이 나서

○
●
●

마트에서 감자를 사 와서 베란다나 부엌 한 귀퉁이에 툭 던져 놓았다가 '아~ 감자가 있었지. 오늘은 감자로 닭볶음이나 해 먹어야겠다'라는 생각이 들었어요. 그래서 감자를 집었는데 싹이 난 것을 보고 가슴이 미어집니다. 이걸 어떻게 할까 하다가 '에이. 뭐 큰일이야 나겠어?' 그러면서 대충 껍질을 벗기고 요리를 해 먹을 수도 있겠지요. 운이 좋으면 아무 문제 없을 것이고 운이 나쁘면 배가 심하게 아플 수도 있습니다.

혹시 감자를 수확해 본 적이 있으신가요? 감자는 땅속에 있습니다. 감자 입장에서 한번 생각을 해 볼까요? 감자에 있는 눈은 나중에 싹이 틀 자리입니다. 땅속에 있다가 그다음 해가 되면 눈에서 싹이 터서 새로운 감자밭을 만드는 것이 감자의 원래 계획이었겠죠. 그런데 사람들이 땅속에 있는 감자를 캐내어서 밖에 두면 감자 입장에서는 얼마나 난감할까요? 시간이 지날수록 시들시들 말라 비틀어질 것은 뻔한 이치니까 빨리 싹을 틔워 버려야겠다는 생각이 들 것입니다. 감자 입장에서는 햇볕을 받고 땅 밖에 있는 그 자체가 엄청난 스트레스인 것이지요.

안전한 땅속이 아니라 바깥에 있다 보면 벌레들이나 멧돼지와 같은 녀석들이 감자를 먹을 위험도 있습니다. 그래서 감자는 '나를 맛이 없는 존재로 만들자'라는 큰 결심을 하고 껍질에 솔라닌solanine이라는 당 분자가 매달려 있는 알칼로이드를 만들지요. 껍질 색깔도 초록색으로 만들면서 '난 아직 덜 익었어. 맛이 없을 테니 먹지 마'라는 신호도 보냅니다. 쓴맛의 솔라닌을 먹은 동물은 메슥거림, 구토, 설사, 위통 등을 겪게 되고 심한 경우 사망에까지 이르게 됩니다. 70kg의 성인의 경우 0.1~0.3g 정도의 솔라닌을 섭취하게 되면 중독 증세를 보이고 0.2~0.4g 정도의 수준에서 사망에 이를 수도 있습니다.

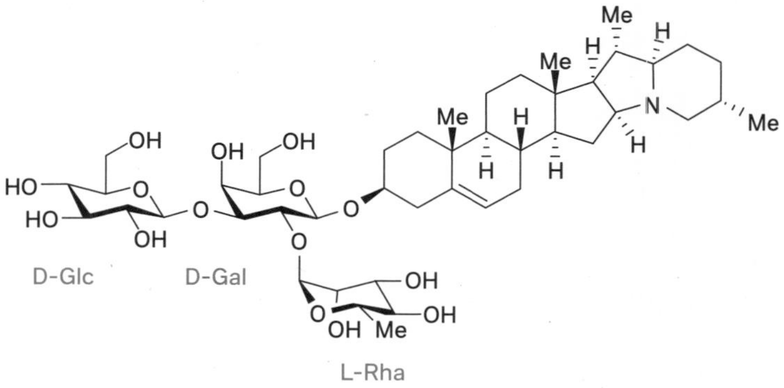

D-Glc D-Gal L-Rha

솔라닌

보통 솔라닌 섭취 후 8~10시간 이후에 증상이 나타나지만 경우에 따라서는 즉각적으로 증상이 발현될 수 있지요. 감자에 솔라닌이 많은지 아닌지를 알아보는 방법은 초록색으로 변한 부분의 껍질을 벗겨 내어 혀를 대어 보는 것입니다. 혀가 아린 느낌이 나면 솔라닌이 먹어도 안전한 수준을 넘어선 것이니 잘 잘라 내어 버리면 됩니다. 굳이 그럴 필요는 없겠지만 혹시라도 솔라닌 테스트를 해 보시겠다면 그렇게 하실 수도 있다는 것입니다. 가장 쉬운 방법은 감자에서 초록색으로 변한 부분을 아깝다는 마음을 가지지 말고 과감히 잘라 버리고 남은 부분으로만 요리를 하는 것이지요.

싹이 난 감자

삶거나 굽거나 튀기면 솔라닌이 분해될 것을 기대하는 분도 있을 것입니다. 하지만 솔라닌은 열에 강합니다. 기름에 넣고 감자를 튀겨도 솔라닌은 반 이상 그대로 있을 테니 요리를 해서 솔라닌을 없애겠다는 생각은 안 하시길 바랍니다. 그냥 껍질을 잘 벗기고 초록색 부분은 과감히 잘라 내어 버리면 됩니다.

애초에 감자에게 스트레스를 안 주었다면 감자는 초록색으로 변하지 않았을 것입니다. 어떻게 해야 감자에게 스트레스를 안 주냐고요? 감자가 땅속에 있을 때는 햇볕을 보지 못했지요? 그러니 감자를 빛이 들지 않는 어두운 곳에 보관하면 감자는 스트레스를 받지 않고 잘 지낼 것입니다. 감자가 이렇게 예민한 녀석인 줄 모르셨다고요? 이제라도 아셨으니 됐죠 뭐.

게으른 자를 위한 화학 TIP

감자를 어둡고 서늘한 곳에 보관하면 솔라닌이 위험한 수준으로는 생기지 않을 것입니다. 감자가 스트레스를 받아서 초록색으로 변했다면 그 부분은 과감히 잘라 버리세요. 식물이든 동물이든 스트레스를 받으면 맛이 없어지고 독이 생길 수도 있으니까 말입니다.

5

아기, 임산부, 노약자가 공통적으로 피해야 할 치즈는?

치즈는 어린아이도 생후 6개월 이후에는 조금씩 먹어도 문제가 없는, 영양이 풍부한 훌륭한 음식입니다. 하지만 아기, 임산부, 노약자와 같이 면역이 약하거나 면역에 문제가 생기면 큰일이 나는 사람에게는 맞지 않는 치즈 종류가 있답니다.

세균이 좋아하는 환경은 무엇일까요? 세균도 생명체니까 영양소와 물이 있으면 좋아하고 잘 자라겠지요? 사람이 좋아하는 영양가가 풍부한 치즈니까 세균이 먹고 자라기에 충분한 영양을 공급해 줄 수 있겠지요? 이제 치즈의 영양 성분에 물까지 공급이 되면 세균들은 난리가 납니다. '바로 이곳이 천국이야'라고 하면서 파티를 벌일 것입니다.

아기, 임산부, 면역이 떨어진 노약자가 피해야 하는 치즈가 어떤 것인지 짐작하시겠지요? 네, 맞습니다. 카망베르, 브리 치즈 같은

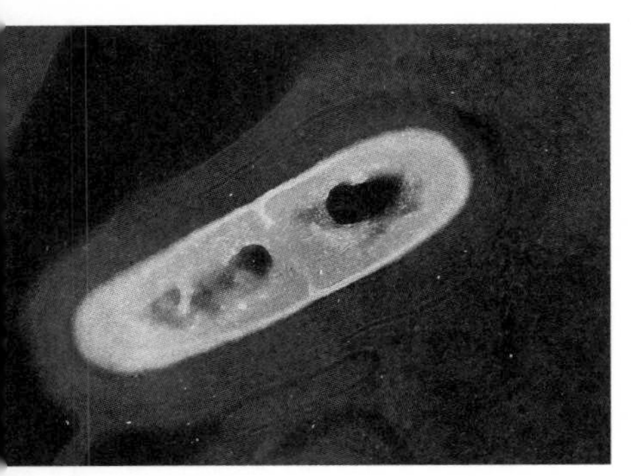

리스테리아 균
(© NIAID | Wiki Commons)

수분이 많은 부드러운 치즈를 피하면 됩니다. 이런 치즈에는 심각한 식중독을 일으킬 수 있는 리스테리아 listeria 균이 들어 있을 수 있습니다. 리스테리아 세균은 리스테리오라이신 O listeriolysin O라는 단백질 독소를 뿜어내는데 이 독소는 세포에 구멍을 내어 버려 세포가 터지게 만드는 무시무시한 독입니다. 아미노산이 모여서 만드는 단백질이라고 해서 다 먹을 수 있는 것이 아니고 이런 독도 있답니다. 리스테리아는 패혈증도 일으킬 수 있고 임산부의 경우 유산을 불러올 수 있는 식중독균이기도 합니다.

리스테리아 식중독은 흔하지는 않아요. 그러나 이 균에 감염이 되면 100% 병원에 입원해야 하고 사망률은 20% 정도에 달한다고 하니 노약자, 그리고 특히 임산부는 절대적으로 감염을 피해야 하겠지요.

생치즈를 좋아하는데 어떻게 해야 하냐고요? 체더치즈, 크림치즈, 스위스 치즈 같은 것들은 굽지 않고 그냥 먹어도 문제없습니다. 그러면 카망베르나 브리 치즈를 오븐으로 구워 먹는 경우는 어떠냐고요? 그렇게 하면 큰 문제 없습니다. 고온에서는 리스테리아 균이 설령 존재하더라도 다 죽일 수 있고 단백질 독소도 변성이 되어 독성이 사라지거든요. 실은 이 단백질 독소는 열에 많이 약해요. 겨우 섭씨 50℃ 이상으로만 가열을 해도 구조가 변해서 독성이 사라지니까요.

게으른 자를 위한 화학 TIP

하나 더 이야기하면 카망베르나 브리 치즈의 경우 아낀다고 잘라서 냉장고에 오래 두지 마세요. 부드러운 부분이 노출되면 거기서 곰팡이나 다른 잡균도 쉽게 생길 수 있으니 자른 이후에는 빨리 섭취하는 것을 권합니다.

6

첫돌 이전의 아기에게 꿀을 먹이면 일어날 수 있는 일

소중한 아기에게 좋은 것만 주고 싶은 부모의 마음. 설탕 대신 몸에 좋다고 선물로 받은 꿀을 준다면 어떤 일이 일어날 수 있을까요?

꿀은 야생에서 얻습니다. 벌이 온갖 꽃을 드나들며 꿀을 모으지요. 꿀에는 별의별 것이 다 들어 있습니다. 그중에서도 클로스트리듐clostridium이라는 균도 들어 있을 수 있어요. 물론 물이 거의 없는 꿀은 세균에게는 아주 혹독한 환경을 제공해요. 꿀 속에서는 이러한 균이 증식을 할 수 없기 때문에 이런 균들은 세균 아포bacterial spore의 형태로 동면 상태로 있지요. 문제는 세균 아포는 100℃가 넘는 온도에서도 버티고, 방사선을 쪼여도 살아남는 엄청난 생명력을 지니고 있다는 것입니다. 물과 적절한 온도 등 박테리아가 살아가기에 적절한 환경이 제공되면 박테리아가 동면에서 깨어나서 증식을 할 수 있답니다. 우리 뱃속이 바로 그러한 환경을 제공합니다.

생후 1년만 지나도 사람의 장의 활동이 아주 활발하기 때문에 꿀이 뱃속으로 들어와도 문제가 없습니다. 세균 아포가 동면에서 깨어나서 활동을 하며 보툴리눔botulinum 독소(보톡스에 쓰이는 독)를 만든다고 해도 우리 몸에 해가 될 정도의 수준의 양을 만들지 못하고 배설이 되거든요.

하지만 첫돌이 오지 않은 아이는 다르지요. 장의 활동이 아직 활발하지 않을 뿐만 아니라 몸의 크기도 작습니다. 음식물이 장에서 너무 느리게 빠져나간다면 세균이 동면 상태에서 깨어나 보툴리눔 독소를 만들면서 아이의 작은 몸에 나쁜 영향을 끼칠 수 있거든요. 젖을 빠는 힘도 약해지고, 울음도 약해지고, 변비가 생기고, 온몸 근육이 축 늘어지는 증상이 아이에게 생길 수 있습니다.

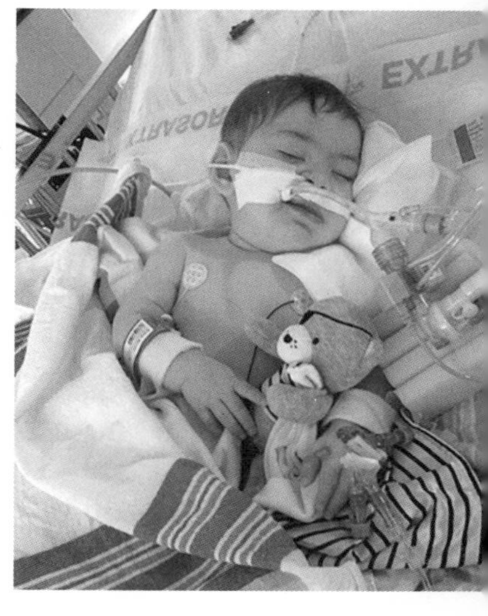

보툴리눔독소증에 걸린 아기
(© Momofbear | Wiki Commons)

그러니 체크합시다. 돌이 안 된 어린 아이에게 꿀을 먹였다가 운이 나쁘면 아기 뱃속에 보톡스 주사를 놓는 효과를 야기할 수 있습니다. 멀쩡한 아기 뱃속에 보톡스 주사를 왜 놓습니까? 아기가 충분히 크면 그때 꿀을 먹여도 됩니다. 아기에겐 엄마의 젖과 분유, 그리고 검증된 이

유식이면 충분해요. 좋은 것만 주려다가 독을 주지 않도록 조심하자고요.

게으른 자를 위한 화학 TIP

돌 전의 어린아이는 어른과 많이 다릅니다. 피부도 얇고 소화 기능도 부족합니다. 아이에게 주는 약과 음식은 어른과는 달라야 합니다. 아이를 기르는 집이라면 '삐뽀삐뽀'로 시작하는 육아 건강서를 참고하면서 키우시기 바랍니다.

7

씨앗이 숨겨 놓은 비장의 무기

우리는 꽤 많은 종류의 씨앗을 먹습니다. 쌀, 보리, 해바라기 씨앗, 땅콩은 말할 것도 없고 어쩌다 보면 사과 씨앗을 씹어 먹기도 하고 말입니다. 딱딱한 껍질을 깨고 아몬드도 꺼내서 먹지요. 아몬드와 마찬가지로 딱딱한 껍질 속에 있는 살구씨, 복숭아씨, 심지어 체리 씨앗을 꺼내 먹는 사람도 있습니다. 인터넷에는 '살구씨의 효능'이라고 써 놓은 홈페이지도 더러 보입니다. 살구씨는 한약재로 쓰이는 재료이기도 하니까요.

씨앗에는 새싹이 생기고 자랄 때 도움을 많이 주려고 영양분이 많이 함유되어 있습니다. 세상 거의 모든 부모가 그렇듯이 자식에게 좋은 것을 먹이고 싶은 마음은 살구나무도 마찬가지일 테니까요. 그런데 씨앗에는 심각한 생화학 무기가 숨겨져 있을 수도 있어요. 동물에게 과육만 먹고 속에 들어 있는, 먹으면 배가 아픈 씨앗은 먹지 말라는 식물의 경고를 담은 생화학 무기지요.

그 대표적인 예로 살구씨, 사과씨, 체리 씨앗, 아몬드 등에는 아미그달린amygdalin이라는 화합물이 들어 있습니다. 아미그달린 화합물 구조의 아래쪽을 보면 CN 부분이 보일 것입니다. 이게 문제입니다. 우리 뱃속에 들어오면 효소가 이것을 분해하여 HCN시안화수소을 만들어 냅니다. 이 화합물은 극독물입니다. 이 화합물이 몸속으로 들어오게 되면 어지럼증, 구토, 청색증(적혈구에서 산소가 떨어져 나가서 생기는 증상), 저혈압 등 다양한 종류의 부작용을 유발하고 심한 경우 사망에 이르게 하지요.

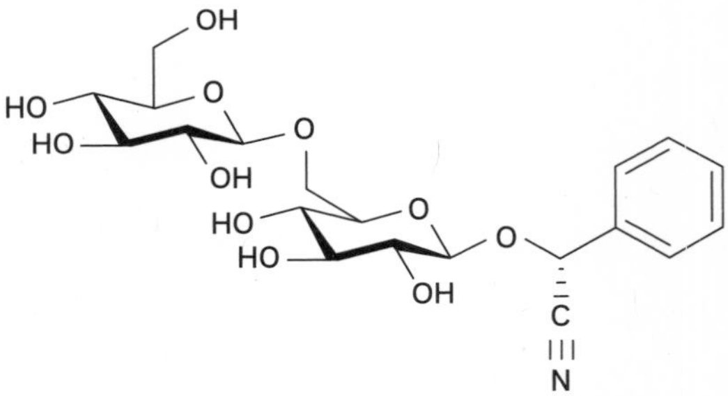

아미그달린

'아몬드에 아미그달린이 있다고?' 하면서 놀라는 분들도 있겠네요. 아몬드도 여러 종류가 있습니다. 쓴맛이 나는 아몬드 종류의 경우 이 물질이 많고, 단맛이 나는 아몬드의 경우 거의 없으니 너무 걱정 마세요. 또 어쩌다 사과씨를 씹어 먹을 수도 있겠지요. 한두 개 씹어 먹는다고 해서 몸에 해를 일으키는 수준은 아닙니다. 설마 사과씨를 수백 개 모아 두고 그걸 씹어 먹는 사람은 없겠지요?

살구씨, 자두씨, 복숭아씨 이런 것들을 특별히 조심하면 됩니다. 살구씨 50개 정도면 무한히 가벼운 영혼이 되어 지구와 헤어질 수도 있습니다. 아미그달린은 섭씨 200℃ 정도에서는 분해되지 않기 때문에 볶은 살구씨라고 마음 놓고 여러 개 먹으면 절대 안 됩니다.

아미그달린은 1950년대 정도에 항암 효과가 있다고 엄청 떠들어 댄 물질입니다. 이후에 행해진 다양한 과학 연구에서 이 물질은 암을 치료하는 데 아무런 효과가 없고 건강에 위해 요소만 있다는 것이 밝혀졌지요. 미국 식품의약국FDA에서 먹으면 안 된다고 명시해 놓은 물질이기도 합니다. quackery돌팔이 치료로 유명한 물질인데 훌륭한 민간요법으로 아직도 입소문이 돌고 있으니 큰 문제군요.

기억합시다. '사과씨, 살구씨, 복숭아씨, 자두씨를 찾아서 먹지는 말자. 쓴 아몬드는 피하자.'

게으른 자를 위한 화학 TIP

암 치료는 병원에서 해야 합니다. 표적항암제가 나오고 심지어 유전자 가위 기술이 나오는 세상입니다. 엉터리 지식을 따라 하면서 하나밖에 없는 목숨과 소중한 건강을 가지고 위험한 게임을 할 필요 없습니다.

8

피마자 기름이 남긴 것은?

아주까리 동백꽃이 아무리 고와도 내 사랑보다는 못하다고 외치는 응원가를 아세요? 스포츠 경기를 관전하다 보면 한 번쯤은 불러 볼 수도 있는 노래입니다. 아주까리의 다른 이름은 피마자입니다. 피마자 씨앗을 낮은 온도에서 짜내어 만드는 피마자 기름은 예로부터 머리카락이 윤이 나게 치장하는 데 쓰여 왔습니다. 또한 변비가 아주 심할 때 피마자 기름을 한 스푼 먹으면 막힌 변이 뻥 뚫리게 됩니다. 그러면 변이 정상인 사람이 이 기름을 먹으면 어떻게 될까요? 네, 맞아요. 화장실에 가서 변기를 부여잡고 인생에 대해 깊은 사색을 하게 되겠지요.

이 기름은 제2차 세계대전 당시 파시스트의 고문 도구이기도 했습니다. 파시즘에 반대했던 사람들에게 이 기름을 억지로 먹여 고통을 겪게 하였지요. 예전 유럽에서는 번잡스럽게 뛰어다니는 애들을 벌을 줄 때 피마자 기름을 먹이기도 했어요. 아이들이 배가 아파 더 이상 뛰어다니지 못하게 만든 거죠.

피마자 씨앗과 기름

그런데 말입니다. 기름을 짜내고 남은 피마자 씨앗 찌꺼기에는 아주 무시무시한 극독물이 숨어 있습니다. 바로 리친 또는 리신이라고 부르는 단백질입니다. 이 단백질은 세포의 표면에 아주 잘 달라붙고 세포 안으로 쉽게 침투할 수 있습니다. 세포가 살아가려면 효소와 같은 필수적인 단백질을 합성할 수 있어야 하는데 리신은 세포 속에서 리보솜 RNA를 꽉 붙잡고 단백질이 절대로 만들어지지 않게 해 버립니다. 그 결과 리신이 침투한 세포는 곧바로 죽게 되는 것입니다.

리신이 호흡기로 침투하면 어떤 일이 벌어질까요? 허파에 있는 세포들이 곧바로 죽어 버리니까 사람은 더 이상 숨을 쉴 수 없게 되고 아주 빨리 사망에 이르게 됩니다. 호흡기로 흡입을 하지 않고 입으로 먹거나 상처를 통해 피로 흘러 들어가도 무서운 것은 매한가지입니다. 접촉하는 세포는 다 죽이니까요.

리신은 요인 암살에도 사용된 맹독성 물질입니다. 1978년 런던에서는 불가리아의 반체제 인사 게오르기 마르코프가 우산을 가장

한 총에 허벅지를 맞고 사망한 일이 있었는데 그 총알에는 바로 리신이 들어 있었습니다. 그보다 더 전인 1971년에는 소련의 반체제 인사 솔제니친에게도 리신을 통한 암살 시도가 있었기도 합니다.

게으른 자를 위한 화학 TIP

이제 피마자 씨앗이 조금 무서워졌지요? 텃밭에 피마자를 기르고 그 씨앗으로 기름을 만들고 남은 찌꺼기는 반드시 소각을 하거나 쓰레기봉투에 잘 버려야 합니다. 커피 가루처럼 생겼다고 그걸 우려먹으면 염라대왕이 그 영혼을 우려먹을 수도 있습니다. 하지만 피마자 기름까지 무서워할 필요는 없어요. 피마자 기름은 배탈은 나게 하지만 리신은 들어 있지 않아서 우리를 죽일 수는 없어요. 화장실에서 배를 잡고 사색할 시간을 줄 수 있는 물질이기는 하지만요.

9

고등어가 때로는 나를 가렵게 만드는 이유

고등어나 꽁치 같은 생선을 먹을 때, 평소에는 아무 문제가 없다가도 간혹 두드러기가 나면서 온몸이 심하게 가려워질 수가 있지요. 심한 경우 목이 부어서 잘 삼키지도 못하고, 설사, 구토도 일어날 수가 있습니다. 대체 무슨 이유 때문에 이런 일이 생길까요?

히스티딘histidine이라는 아미노산은 생선의 단백질 합성, 조직 재생, 삼투압 조절, 면역 유지, 항산화 작용에 꼭 필요한 아미노산입니다. 고등어, 참치, 가다랑어와 같은 등 푸른 생선에 특히 많이 있습니다. 그런데 이런 생선을 잡은 다음에 소비자에게 도달하는 과정 중에 섭씨 4℃ 이상에서 오래 두게 되면 박테리아가 축제를 벌일 수가 있습니다. 생선이 상하게 되는 것이지요. 이런 균들은 생선에 풍부하게 들어 있는 히스티딘이라는 아미노산을 히스타민histamine이라는 분자로 바꾸어 버리는데 이 히스타민이 우리 몸에 들어와서 문제를 일으킵니다.

우리 몸은 외부에서 원치 않는 물질이 들어오면 그것을 없애 버리기 위한 면역 반응이 일어납니다. 예를 들어 모기가 우리 피를 빨아먹기 위해서 항응고제 성분을 우리 피부에 주입하면 우리 몸은 즉각적으로 히스타민을 내뿜으면서 '여기에 외부에서 침투한 나쁜 놈들이 있다'라고 알리게 되고 면역 세포들이 와서 공격을 시작하게 됩니다. 이때 가렵고 붓고 물집이 생기는 것은 어쩔 수 없는 부작용이지요.

그런데 균에 의해 상해서 히스타민이 많이 생긴 생선을 먹게 되면 우리 몸은 착각을 해 버리는 것입니다. 우리 세포가 히스타민을 생성하여 내뿜든 생선에서 들어왔든 간에 히스타민은 히스타민 분자일 뿐이니까요. 생선에서 나온 히스타민은 우리 몸 곳곳으로 퍼져 나가게 되는데 우리 몸은 이 가짜 경보에 속아서 곳곳에서 면역 반응을 일으키게 됩니다. 몸이 붓고 가렵게 되는 것이지요.

생선에 균이 증식하게 하지 않으려면 생선을 잡자마자 냉동을 하고 냉동된 상태에서 유통을 해야겠지요? 염장을 하여 유통할 수도 있겠습니다. 아주 낮은 온도나 높은 염분 농도에서는 세균의 증식이 억제되니까 말입니다.

고등어 하면 안동 간고등어가 많이 생각이 나실 것 같습니다. '바다에서 멀리 떨어진 안동에 무슨 고등어라니?' 싶겠지만 조선 시대 안동 사람들도 고등어를 먹고 싶었을 것 아닙니까? 동해안에서 잡은 고등어를 그냥 들고 가면 안동에 도착했을 때는 이미 다 상해서 못 먹게 되니 고등어에 비싼 소금을 아낌없이 뿌리고 등에 짊어지고 갔겠지요. 냉동/냉장 기술이 없던 시절에도 양반들이 에헴 하면서 아침에 비싼 고등어구이를 먹을 수 있었던 비결이었습니다.

재래시장에 가 보면 고등어를 비롯하여 여러 가지 생선을 염장하지도 않고 가판대에 그대로 올려놓고 상온에서 판매하는 것을 보게 됩니다. 무더운 여름인데도 그러할 때가 많습니다. 그런 것을 볼 때마다 걱정이 많이 되는 것은 어쩔 수 없군요. 히스타민 식중독을 잘 비켜 가기를 바랄 뿐입니다.

게으른 자를 위한 화학 TIP

생선을 조리하는 데 사용한 칼, 도마 등은 사용 후에 반드시 잘 소독해야 합니다. 마트에서 사 온 생선을 너무 오랫동안 상온에 두어도 안 되고요. 냉장고에 두었다고 안심할 수는 없습니다. 마트에서 집으로 가져오는 동안 세균은 증식하게 되고 냉장고 속이라고 해도 오랜 시간을 두면 세균의 수는 계속 늘어날 테니 말입니다. **먹을 만큼만 사 와서 바로 요리하는 것**이 가장 현명한 생선 소비 방법입니다.

한편 조선 시대 왕인 경종이 간장게장과 감을 먹고 병을 얻어 죽었다는 이야기는 꽤 유명합니다. 간장게장과 감이 서로 상극이라 그랬다는 근거 없는 이야기도 떠돕니다. 그보다는 냉장 유통이 불가능했던 조선 시대에 간장게장이 상해서 식중독에 걸렸을 가능성이 훨씬 더 높지 않을까요?

10

참치 무한 리필의 함정

가벼운 주머니와 텅 빈 위를 가진 젊은 시절, 참치 무한 리필 가게에서 회식을 한다고 하면 참 좋았습니다. 평소에는 입맛만 다시다가 마음껏 배를 채울 수 있으니 안 좋을 수가 없잖아요. 지금 돌이켜 생각해 보면 주머니가 가벼워 자주 가지 못한 것이 참 다행입니다. 덕분에 참치 속에 들어 있는 수은을 피할 수 있었으니 말이지요.

석탄을 우리 주변에서 보기는 힘들지만 우리가 사용하는 전기의 대부분은 석탄을 태워서 얻는 것입니다. 석탄을 태우면 그 속에 있던 수은을 포함하는 재가 공기 중으로 나가게 되고 재는 비가 오면 땅과 바다의 바닥으로 가라앉게 되지요. 재 속에 들어 있는 수은은 황화수은 등 무기수은화합물이나 원소 상태로 존재하는데 그다지 독성이 높지는 않습니다. 하지만 토양과 펄에는 다양한 미생물들이 살고 있는데 이 녀석들 중에는 수은에 CH_3(메틸)를 붙여서

CH_3Hg^+라는 수은종species을 만들어 버립니다. 바로 이 수은종이 수은으로 인한 모든 문제의 근원이지요. 먹이 사슬을 타고 상위 포식자의 몸속에 축적되어 우리의 몸에 문제를 만듭니다. 우리 몸에 들어온 메틸화수은은 몸속에 있는 효소들에 달린 -SH 부분에 아주 강하게 결합하여 효소들을 무력화시켜 버립니다. 결국 뇌나 신경을 손상시키고, (임산부의 경우) 태아의 두뇌 발달을 저해하고, 운동 능력을 퇴화시킬 수 있는데 이런 문제가 한번 생기면 다시 돌이킬 수 없습니다. 수은은 무시무시한 신경독인 셈입니다. 수은에 의해 몸에 문제가 생겼을 때 병이 더 이상 진행되지 않도록 하는 것은 가능할지 몰라도 원래의 건강했던 상태로 가는 것은 불가능에 가까우니 메틸화수은의 섭취를 철저히 관리하는 것이 필요합니다.

미생물이 만든 메틸화수은은 바다의 바닥에서 자라는 조류나 식물성 플랑크톤으로 들어가게 되고 이들을 걸러 먹는 새우나 가재, 게 등의 생물체의 몸으로 들어가게 되지요. 또 이들을 잡아먹는 작은 물고기들의 몸으로 수은은 들어가고 또 이 작은 물고기들을 잡아먹는 상위 포식자의 몸으로 수은이 들어가며 점점 축적이 됩니다.

참치는 육상 동물로 따지면 바다의 생태계에서는 표범 정도 되는 위치를 가집니다. 범고래나 백상아리한테는 못 당하지만 뛰어난 수영 실력과 큰 덩치로 고등어 정도 되는 생선은 가벼운 식사거리로 생각할 만큼 무시무시한 포식자입니다. 그러므로 식물성 플랑크톤으로부터 시작된 먹이 사슬의 정점에 있는 참치의 몸속에는 아주 높은 농도의 수은이 존재할 수밖에 없지요. 포식자의 덩치가 커질수록, 오래 살수록 몸속에 들어 있는 수은의 농도는 더 높습니다. 참치뿐만 아니라 청새치, 삼치 같은 큰 생선들의 몸에는 많은 수은이 들어 있을 수밖에 없다는 것을 의미합니다.

너무 무서운 이야기를 많이 했네요. 하지만 수은 중독이 무서워서 생선을 완전히 피할 필요는 없습니다. 그러면 생선이 주는 이로움을 누리지 못하는 것이니까요. FDA의 가이드라인에 따르면 오징어, 고등어, 연어, 참치 캔은 한 주에 두어 번을 먹어도 아무 문제가 없습니다. 다만 어떤 종류의 생선을 어느 정도까지 섭취하는 것이 안전한지에 대해 잘 알고 실천을 하면 좋겠습니다.

게으른 자를 위한 화학 TIP

다음 표에서 수은 함량이 낮은 생선들을 찾아봅시다. 임신 또는 모유 수유 중인 경우에는 한 번의 식사에 약 113g을 섭취한다고 했을 때, '상당히 낮은 수은 농도를 가진 생선'은 일주일에 2~3회 섭취해도 좋습니다. '비교적 낮은 수은 농도를 가진 생선'은 일주일에 1회 정도 섭취해도 좋습니다.

어린이의 경우, 1~3세는 약 28g, 4~7세는 약 56g, 8~10세는 약 85g, 11세는 약 113g씩 '상당히 낮은 수은 농도를 가진 생선'으로 일주일에 2회 정도 섭취해도 좋습니다.

상당히 낮은 수은 농도를 가진 생선					
멸치	메기	검은바다농어	대서양고등어	명태	병어
태평양고등어	대구	대합	참고등어	홍어	게
가자미	시샤모	가재	넙치	참치(캔)	랍스터
청어	연어	굴	숭어	서양조기	
비교적 낮은 수은 농도를 가진 생선					
잉어	아귀	줄농어	그루퍼	볼락	옥돔
대형 넙치	은대구	날개다랑어	만새기	도미	황다랑어
높은 수은 농도를 가진 생선					
삼치	오렌지 러피	청새치	옥돔(멕시코만)	눈다랑어	황새치

● 자료 출처: FDA

● 자세한 내용은 fda.gov/media/102331/download?attachment 참고.

11

복어에 관한 미신

복어는 독이 있는 생선으로 잘 알려져 있지요. 복어는 간과 알, 내장에 테트로도톡신이라는 신경독을 가지고 있는데 이 독이 조금이라도 사람 몸속으로 들어오게 되면 혀와 입술이 마비가 되고 어지럼증과 구토를 유발합니다. 이어서 심장 박동이 불규칙해지고 혈압이 낮아지고 근육이 마비되기 시작하지요. 횡격막이 마비가 되고 결국 숨을 쉬지 못하여 사망에 이를 수가 있습니다.

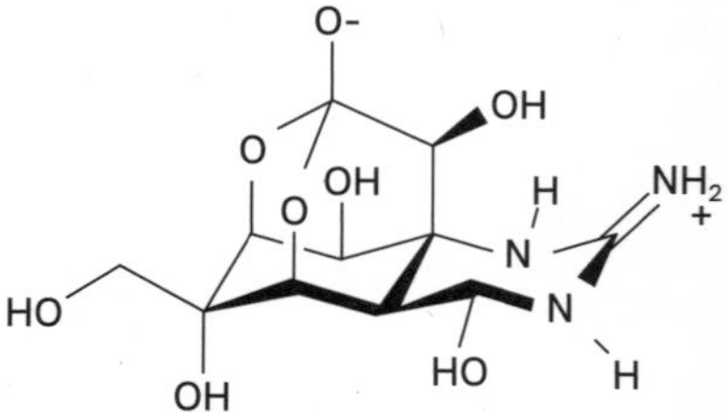

테트로도톡신

테트로도톡신은 작은 분자로 열을 가하거나 냉동을 하더라도 아무런 구조의 변화가 없습니다. 즉 복어의 알이나 간을 아무리 지지고 굽고 끓여도 그 속에 들어 있는 독성이 변하지는 않아요. 다른 생선들처럼 간, 알, 내장을 함께 끓인 지리나 매운탕을 먹게 되면 염라대왕 면담은 맡아 놓은 것이라 반드시 복어 요리 자격증을 가진 요리사가 손질한 요리만 먹어야 합니다.

복어의 독은 무섭지만 복국이나 복매운탕은 먹고 싶은 사람들은 미나리를 넣어서 먹거나 식초를 두어 방울 떨어트려 먹기도 합니다. 늘 하는 이야기 있잖아요. '미나리에 들어 있는 성분이 복어의 독을 해독하기 때문에 미나리를 넣어서 먹는다.' '복어의 독 테트로도톡신은 염기성이기 때문에 식초로 중화시키면 된다.' 하지만 여기서 분명하게 밝혀 드리겠습니다. 복어의 독에는 해독제가 없습니다. 미나리의 성분도 식초의 산성도 복어의 독을 해독하지도 중화하지도 못합니다. 요리에 쓰이는 복어는 독이 남아 있으면 안 됩니다.

복어의 독을 해독하는 방법이 정말로 없냐고요? 한 가지 방법이 있기는 해요. 20% 이상의 농도의 락스에 30분 이상 두면 테트로도톡신은 분해될 수 있습니다. 아주 강한 산화제인 락스가 테트로도톡신 분자를 산화시킬 수 있거든요. 하지만 누가 음식물을 락스에 담갔다가 먹나요? 복어의 독에 중독된 사람을 20% 이상의 락스 용액에 담가 둘 수도 없는 노릇이지요.

그러면 왜 미나리를 넣어서 먹냐고요? 미나리는 간을 보호하는 성분이 있기는 해요. 술을 마신 다음 날 복매운탕이나 복국을 먹으면 술에 의해 지친 간이 좀 회복이 될 것입니다. 식초는 왜 넣냐고요? 식초를 넣으면 맛이 좀 더 낫죠. 생선의 비릿한 맛이 좀 사라지니까요. 절대로 복어의 독을 해독하기 위해 미나리나 식초를 넣어서 먹는 것이 아니라는 점을 강조하고 싶습니다. 복어 전문점에서 먹는 복어는 독을 완전히 제거한 것이라서 먹을 수 있는 것입니다.

미나리나 식초가 복어의 독을 해독한다는 잘못된 상식이 떠도는 것이 왜 위험할까요? 사람들 중에는 '미나리하고 식초가 복어의 독을 해독한다고? 그러면 미나리를 왕창 넣고 요리하면 되는 것 아냐? 굳이 왜 요리사한테 돈 내고 먹어야 돼? 오늘 낚시로 잡은 복어는 내가 요리해서 먹지 뭐'라고 생각하는 사람도 나올 수 있잖아요.

다시 한번 강조할게요. 복어의 독에는 해독제가 없고 이 독은 가열해도 독성이 사라지지 않습니다. 반드시 복어 요리 전문점에서만 드셔야 합니다.

게으른 자를 위한 화학 TIP

근거 없는 '상식'에서 쌓아 올린 논리를 따르다 보면 자신의 생명을 마무리 지어 버릴 수도 있습니다. 목숨은 하나밖에 없으니, 그리고 죽고 나서 다시 태어난다는 세계관이 맞다는 보장도 없으니 근거 있는 '지식'을 쌓고 건강한 생활을 해야겠습니다.

12

망고 껍질과 옻닭의 공통점

인터넷에 돌아다니는 '꿀팁' 중에는 정말 경악을 금치 못할 내용들도 있습니다. 그중 압권이 '망고 껍질을 활용한 팩'입니다. 오이 껍질을 이용한 팩도 있는데 비싼 열대 과일인 망고의 껍질로 팩을 하는 것이 대체 무슨 문제가 있는가 싶은 분들도 있겠지요. 하지만 망고나무는 옻나뭇과에 속한다는 사실을 안다면 금방 '아하!'를 외칠 것 같네요.

옻나무의 껍질에 상처를 내어 얻는 옻액을 이용하여 가구에 옻질을 하는 것은 많이 알려져 있지요. 옻액에는 우루시올이라는 화합물이 있는데 산화되면서 고분자 중합 반응을 해요. 검고 반들반들한 옻칠은 아주 튼튼하여 산, 염기, 알코올로 씻어 낼 수 없고 또 열에도 손상을 받지 않아서 가구를 오랜 기간 동안 잘 보호할 수 있지요. 그런데 이 우루시올 분자 자체는 우리 몸에 들어오면 몸의 면역 세포를 활성화시키면서 아주 심한 가려움증을 유발합니다. 심한 경우 전신에서 즉각적인 알레르기 반응이 일어나서 사망에 이를 수도 있습니다. 일반적으로 처음 옻에 노출이 되었을 때보다 이후에 다시 노출이 되었을 때 가려움증이 더 심해지는 특징이 있습니다. 옻나무와 같이 삶아서 내어놓은 옻닭을 먹은 사람이 처음에는 아무 문제없다가도 두 번째 먹었을 때는 심한 가려움증과 목이 부어오르는 증상을 겪을 수 있는 이유가 바로 그것이지요.

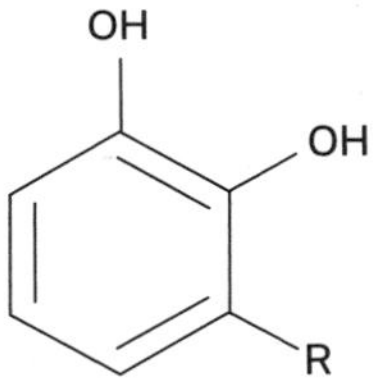

OH
OH
R

우루시올

다시 망고로 돌아가겠습니다. 망고 껍질에도 옻 성분인 우루시올이 들어 있습니다. 망고 껍질로 팩을 한다면 얼굴에 옻을 옮을 준비를 하는 것이지요. 예뻐지려고 망고 껍질 팩을 했다가 얼굴에 온통 울긋불긋한 열꽃이 오르고 퉁퉁 부어오를 수 있어요. 포이즌 아이비 poison ivy(덩굴옻나무)라는, 닿으면 독이 올라서 심하게 가려운 넝쿨 식물이 있습니다. 이 포이즌 아이비가 가려움증을 유발하는 이유도 바로 우루시올 때문입니다. 포이즌 아이비로 얼굴에 팩을 하고 싶은 사람은 없겠죠?

그러니 망고를 먹을 때 껍질에 붙은 과육이 아깝다고 껍질을 얇게 벗기는 것은 어리석은 행동입니다. 망고 과육이 아깝더라도 과감하게 껍질을 두껍게 벗겨 내고 드세요. 껍질에 손을 대지 않게 비닐장갑을 끼고 과일을 깎는 것도 좋겠습니다. 옻 성분은 캐슈너트 껍질에도 있어요. 걱정되시지요? 하지만 걱정 마세요. 우리가 마트에서 사 먹는 캐슈너트는 이 옻 성분을 완전히 제거한 후에 굽거나 찐 것입니다. 그러므로 캐슈너트는 옻 걱정 않고 드셔도 됩니다.

게으른 자를 위한 화학 TIP

옻액이나 망고 껍질에 피부가 닿았다면 바로 흐르는 물로 씻어 내고 알코올로 닦아 내도록 하세요. 옻 성분에 피부가 닿은 다음 바로 씻어 내지 않으면 옻 성분은 서서히 몸에 흡수되어 우리의 림프절을 따라 돌며 온몸에 가려움증을 유발하게 됩니다. 그때는 씻어 내기에는 이미 늦은 상태이고 병원에 가서 치료를 받는 것이 유일한 해결책이 됩니다.

게으른 자가 건강해지는
독 탈출 Q&A

앞 장의 내용에 대해 사람들이 가장 많이 궁금해하는 질문들을 모았습니다.
게으른 자의 건강을 책임지는 염라늘보(염라대왕 나무늘보)가 시원하게 답해 드립니다.

Q. 복어 독이 암 치료에 효과적이래요. 조금만 먹으면 좋다는데요.

A. 암도 죽이고 너도 죽이고. 웰컴 투 저세상!

Q. 망고 껍질로 팩을 하면 좋다는 꿀팁을 인터넷에서 봤어요.
망고 껍질 팩이 그렇게 좋나요?

A. 왜? 얼굴에 옻칠을 한번 해 보고 싶어?
망고 껍질로 팩 했다가는 얼굴에 물집 잡히고 난리가 날 텐데?
뭐, 울긋불긋한 얼굴을 원한다면 해 보든가.

Q. 고사리를 푹 삶는 것을 보면 왜 저러나 싶어요.
몸에 좋은 영양소 다 파괴되는 것 아니에요?

A. 살짝 데친 고사리 먹으면 재수 없으면 암 걸린다.
고사리는 단백질 얻으려고 먹는 나물이야.
비타민은 다른 데서 찾아.

Q. 시장에서 산 고등어가 약간 상한 것 같아요.
그래도 요리해서 먹으면 괜찮겠죠?

A. 아서라. 온몸에 두드러기 올라오며 가려울 거다.
아까워도 버려. 상하기 전에 먹었어야지. 비싼 옷 같은 것은
사는 데 돈을 안 아끼면서 왜 상한 음식은 먹으려고 해?

Q. 이번에 꿀이 진짜 좋은 게 왔어요. 아기 이유식에 써 보려고 합니다.

A. 허허. 애기 뱃속에 보톡스 주사 맞게 해서
80년은 일찍 나한테 보내려고?
아서라. 요즘 지옥 수용 인원이 가득 차서 더 받기 힘들다.

Q. 생식(生食)이 최고죠. 건강하려면 생식을 해야 해요.

A. 인간 수명이 확 늘어난 것이 무엇 때문인지는 알고나 있어?
요리를 해 먹어서 그래. 세균도 죽이고 단백질, 탄수화물도
소화가 잘되게 만드는 것이 요리야. 자기가 참새인 줄 알고 있네.

독 있는 음식 피하기는
게으름의 기본이거늘!
이제부터 안전하게 먹고
건강한 게으름을 추구하시게나.

2장

많이 먹어서, 안 먹어서 만드는 병

1

우유를 단백질이 풍부한 음식과 함께 섭취하면?

근육을 키우는 데 혈안이 된 사람은 '단백질 단백질' 노래를 부릅니다. 단백질이 풍부한 우유와 단백질이 풍부한 콩이나 고기를 같이 먹으면 정말 좋을 것 같다는 생각이 들 수도 있습니다. 과연 그럴까요?

우유에는 여러 가지 성분이 들어 있지요. 젖당도, 지방도, 단백질도 아주 골고루 풍부하게 들어 있습니다. 우유는 투명하지 않아요. 그러니 물에 녹는 성분과 녹지 않는 성분이 섞인 혼합물인 것은 알겠는데 가만히 내버려두어도 아무것도 가라앉지 않습니다. 이와 같은 혼합물을 콜로이드colloid라고 부릅니다. 우유는 아주 작은 지방 알갱이들이 물에 분산되어 있는 콜로이드입니다.

지방과 물은 섞이지 않는데 어떻게 지방 알갱이들이 물에 분산되어 있을까요? 기름기가 잔뜩 묻은 손을 비누로 씻어 낼 수 있지요? 비누의 계면 활성제가 지방을 둘러싸는 마이셀micelle 구조를 만들기 때문에 가능한 일입니다. 우유에 들어 있는 카세인casein(영어 발음은 케이신)이라는 단백질이 바로 이 계면 활성제 역할을 합니다. 카세인이 지방 알갱이를 둘러싸고 마이셀 구조를 만들기 때문에 우유가 콜로이드가 될 수 있는 것입니다. 이 카세인 단백질은 지방을 분산시키는 것 외에도 아주 중요한 역할을 합니다. DNA를 만드는 데 아주 중요한 인산 음이온과 몸의 뼈를 만드는 데 필수적인 칼슘 이온을 붙잡고 있지요.

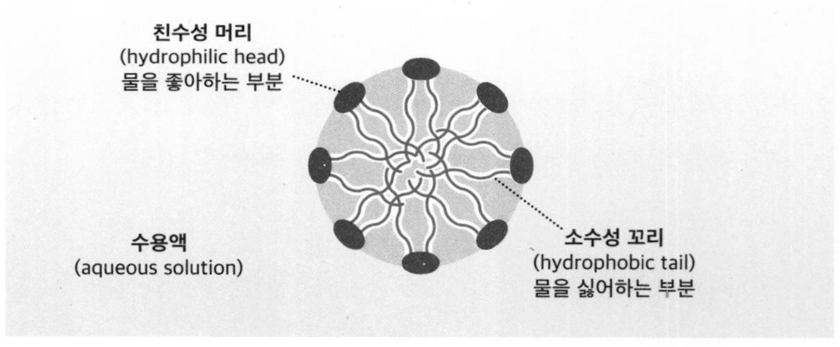

마이셀의 구조

어린아이들이 분유를 마시고 좀 지나서 토를 할 때도 있는데 흰 덩어리가 나오는 것을 보셨지요? 바로 우유의 카세인 성분이 위산을 만나서 만들어 내는 커드curd입니다. "커드? 치즈 만들 때 필요한 거?"라고 누군가가 말씀하시네요. 네, 맞습니다. 커드를 말리면 치즈가 됩니다. 우유의 카세인을 응고시키는 과정이 치즈 생산의 첫 단계랍니다. 이제 에스프레소 커피에 우유를 넣어 만든 카페라테 또는 우유를 마시면 위에서 위산을 만나서 커드가 만들어지는 것을 아시겠지요? 바로 이 녀석 때문에 속이 더부룩해지는 것입니다. 소화가 다 되려면 몇 시간은 걸리니까 말입니다. 와인과 같이 나오는 치즈 한 조각을 포크로 들고 '이건 카세인 덩어리야'라고 말하는 당신, 뇌가 아주 섹시하군요. 남들에게 조금은 재수 없게 보일지는 몰라도요.

자, 그런데 우유와 함께 단백질이 풍부한 육류나 계란을 같이 먹으면 어떤 일이 생길까요? 우리 뱃속에 있는 단백질 분해 효소는 그 수가 한정이 되어 있어요. 우유의 카세인도 분해해야 하고 추가로 먹은 고기나 콩에 들어 있는 단백질도 분해해야 하는데 그것을 분해해 줄 일꾼은 수가 정해져 있으니 단백질이 잘 분해가 되지 않겠지요? 운이 나쁘면 소화 불량에 걸리고 꺽꺽대며 '바늘 어디 있어? 손 따야 되는데'라고 할 수도 있는 것입니다. 운동도 힘이 없어 못 하고 얼굴은 노랗게 되어 버리니 정말 과유불급이라는 말이 진리라는 것을 뼈저리게 느낄 것입니다. 단백질이 풍부한 우유를 마셨다면 다른 단백질은 조금 적게 섭취하는 것이 아주 현명한 행동이랍니다.

게으른 자를 위한 화학 TIP

우유에는 위산을 만나도 굳지 않는 단백질 성분도 있어요. 이것을 유청(whey) 단백질이라고 하지요. 이 굳지 않는 유청은 카세인보다 훨씬 빨리 소화가 됩니다. 우유에서 이 유청 단백질만 따로 분리하여 말려서 가루로 만든 것이 근육짱들이 즐기는 프로틴 파우더입니다. 빨리 소화가 되어 몸으로 흡수가 잘되니까 근육 운동을 하고 찢어진 근육을 재생시키는 데는 아주 탁월한 효과를 가집니다.

2

비타민 D가
독이 될 때

건강에 관심이 많은 분들은 비타민, 미네랄 등 여러 보충제를 달아 놓고 드십니다. 갱년기를 거치며 골다공증을 걱정하시는 분들이 유튜브 같은 곳에서 '뼈 건강을 위해서는 비타민 D의 섭취가 필수적입니다'라는 소리를 들으면 귀에 콱 꽂히지요. 그래서 비타민 D가 풍부한 음식을 찾기도 하고 비타민 D 알약을 사기도 합니다.

실제로 비타민 D는 뼈를 만드는 과정에 직접 관여하기 때문에 몸속에 적정량의 비타민 D는 반드시 있어야 합니다. 하지만 보통 비타민 D는 굳이 알약으로 사 먹을 필요가 없습니다. 햇볕을 쬐며 걷는 것과 같은 야외 활동으로도 우리 몸에서 저절로 만들어지고 버섯, 연어, 소간과 같은 음식으로도 쉽게 섭취할 수 있으니까 말입니다. 비타민 D가 강화된 우유도 팔고요. 뼈 건강이 걱정되면 병원에 가서 뼈의 골밀도를 측정하고 의사 처방을 받아서 비타민 D 알약을 매일 일정량 복용하면 됩니다.

그런데 문제는 거기서 한 걸음 더 나아가는 분들이 있다는 것이지요. '저번보다 키가 많이 줄었어. 병원 처방 가지고는 안 되겠네'라고 생각하고는 임의로 하루 권장량을 훌쩍 넘는 비타민 D를 섭취하는 분들 말이지요.

비타민 C나 B 등은 수용성 비타민이에요. 물에 녹기 때문에 너무 많은 양을 복용하면 소변으로 배출되지요. 하지만 비타민 D는 지용성입니다. 비타민 D는 기름에 녹는다는 뜻이고 우리 몸에 있는 지방에 차곡차곡 쌓일 수 있습니다. 너무 많은 비타민 D를 지속적으로 먹게 되면 이 성분은 우리 몸에 오랫동안 남아 있으면서 우리 몸에 영향을 끼치기 시작합니다.

'좋은 성분이 몸에 많이 있으면 좋은 것 아니야?'라고 생각하시나요? 아쉽게도 비타민 D는 무협지 속 내공처럼 쌓아 두면 좋은 것이 아닙니다. 너무 많은 비타민 D가 몸에 쌓이면 몸에 독으로 작용하여 불면증, 변비, 설사, 식욕 부진, 탈수, 구토, 피로, 조직의 석회화 등 다양한 부작용을 일으킵니다. 다음 페이지의 표에서 비타민의 다양한 종류와 각각의 대표적 결핍증, 과잉증 등을 확인하세요.

건강 보충제를 정말 많이 먹는 사람들도 있습니다. 각각의 알약에 들어 있는 성분이 무엇인지 얼마나 들었는지 따져 보지 않고 몸에 좋을 거라 생각하며 먹지요. 그러는 동안 정작 몸은 자기도 모르는 사이에 많이 망가지는데 말입니다.

비타민	용해성	역할	결핍증	과잉증	함유 식단
A	지용성	항산화, 눈/피부/면역 건강	야맹증, 눈/피부 건조, 중증 결핍 시 실명	탈모, 두통, 구토	달걀, 새우, 유제품, 주황/노랑색 채소
B1 (티아민)	수용성	대사 보조			현미, 돼지고기
B2 (리보플라빈)	수용성	대사 보조	입술 갈라짐, 비듬		유제품, 시금치, 브로콜리
B3 (나이아신)	수용성	대사 보조, 신경계/뇌/소화 기관/피부 건강	발진, 피로, 불면증, 기억 상실	홍조, 가려움증	닭고기, 생선, 밀, 녹색 채소
B5 (판토텐산)	수용성	대사 보조, 지방/호르몬 합성			우유, 브로콜리, 씨앗, 내장
B6	수용성	대사/효소 작용 보조	발작, 발진, 입술 갈라짐, 손발 저림	신경계 중독	대부분의 음식
B7 (비오틴)	수용성	대사 보조, 머리카락/뼈 성장 촉진			생선, 곡물, 아보카도, 내장
B9 (엽산)	수용성	대사 보조, DNA/RNA/적혈구 생산 촉진	피로, 빈혈, 태아의 경우 척수 및 뇌 발달 장애		콩, 시금치, 브로콜리, 아스파라거스
B12 (코발라민)	수용성	DNA/적혈구 생산, 심혈관/신경계 건강	신경 손상, 근육 쇠약, 착란 및 치매		달걀, 소고기, 해산물, 생선(채식 식단 시 보충제 필요)
C (아스코르브산)	수용성	항산화, 콜라겐 생산, 면역 및 심혈관 건강	피로, 과민, 중증 결핍 시 괴혈병		과일, 시금치, 양배추, 토마토, 브로콜리(육식 식단 시 보충제 필요)
D (칼시페롤)	지용성	칼슘 흡수, 혈압 유지	뼈/근육의 쇠약, 중증 결핍 시 구루병	식욕 부진, 심혈관 부작용	햇빛, 생선, 버섯, 유제품
E (토코페롤)	지용성	항산화	균형 감각 저하	드물게 출혈, 근육 쇠약, 메스꺼움	식물성 지방, 녹색 채소, 견과류, 브로콜리
K (필로퀴논)	지용성	칼슘 흡수, 혈액 응고 보조	신생아의 경우 출혈 위험	신생아의 경우 빈혈 및 황달	녹색 채소, 브로콜리, 달걀, 올리브유

오늘은 하루에 비타민 D를 얼마나 먹는지 꼭 한번 따져 보세요. 과한 것은 모자람보다 못한 경우가 많이 있다는 것을 잊지 마시고요.

게으른 자를 위한 화학 TIP

다음은 연령대마다 하루 비타민 D 섭취 상한선을 표시해 둔 것입니다. 이 양보다 많이 먹으면 위험할 수 있으니 반드시 용법/용량을 지켜서 건강도 지키도록 하세요.

0~6개월	25μg/d(1000 IU/d)	**7~12개월**	38μg/d(1500 IU/d)
1~3세	63μg/d(2500 IU/d)	**4~8세**	75μg/d(3000 IU/d)
9세 이상	100μg/d(4000 IU/d)	**임산부**	100μg/d(4000 IU/d)

3

소화가 잘 안되는 사람에게 미네랄이 필요한 이유

음식물의 소화는 음식물과 소화 효소를 섞어 주는 것이 그 시작입니다. 입에서 열심히 씹어서 이 둘을 섞어 주고 위에서도 위가 꿀렁거리면서 또 섞어 주지요.

소화 효소들은 탄수화물을 당 분자로, 지방을 유기산과 글리세롤로, 단백질을 아미노산으로 분해하는 과정을 촉진하는 촉매지요. 소화 효소를 충분히 가지지 못한 사람은 음식물을 소화시키는 능력이 당연히 떨어집니다. 그러니 평소에 소화가 문제인 사람은 소화 효소를 많이 가지기 위해 노력을 해야 해요.

음식 중에는 탄수화물을 분해하는 아밀레이스amylase, 지방을 분해하는 라이페이스lipase, 단백질을 분해하는 프로테이스protease 등 소화 효소를 많이 가지고 있는 것들이 있습니다. 키위, 파인애플, 파파야, 망고, 바나나, 아보카도, 생강, 마늘, 꿀, 김치, 간장, 된장 등은 이러한 소화 효소를 가지고 있기 때문에 식사를 할 때 같이 먹으면 도움이 되겠지요? 소화 효소는 이와 같이 음식에서 얻을 수도 있고 우리 몸에서 만들 수도 있어요. 그럼 어떻게 해야 우리 몸이 효소를 잘 만들 수 있을까요?

먼저 소화 효소에 대해 조금만 화학적인 분석을 해 봅시다. 소화 효소는 아미노산들이 사슬을 이루어 만든 단백질입니다. 그런데 여러분은 달걀을 삶으면 달걀의 흰자가 하얗게 굳어 버리는 것을 아시지요? 단백질이 변성이 되어서 그러한 것인데, 변성이 되었다는 뜻은 원래 가지고 있던 구조가 변해서 더 이상 원래의 성질을 가질 수가 없다는 뜻입니다. 그러니 소화 효소도 가열을 하면 변성이 되어 소화에 전혀 도움이 안 된다는 것을 아시겠지요? 즉 파인애플을 그대로 먹는 것은 소화에 도움을 주지만 피자 위에 얹어서 구운 파인애플에는 소화에 도움을 주는 효소는 거의 없다는 뜻입니다. 단백질은 그대로 있지만 구조가 변해 버렸거든요.

이러한 효소를 좀 더 자세히 들여다보면 효소 속에 금속 이온이 들어 있는 경우가 있다는 재미있는 사실을 알게 됩니다. 예를 들어 단백질을 분해하는 프로테이스의 경우 옆의 그림과 같이 아연 이온을 가지고 있는 경우도 있어요(가운데의 공이 아연 이온입니다).

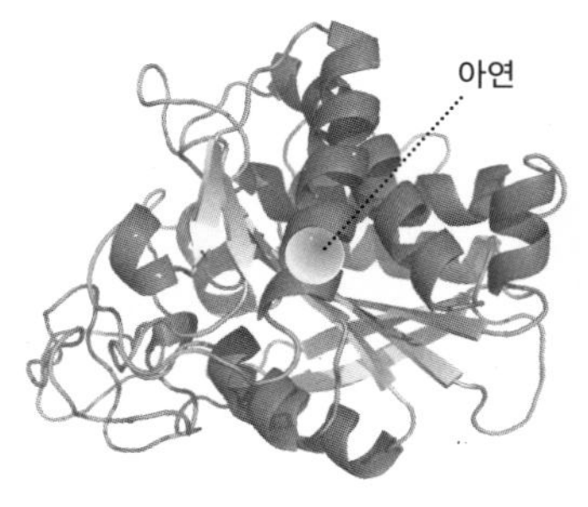

프로테이스에 속하는 카르복시펩티다아제 A
(Carboxypeptidase A)

이러한 금속의 이온은 단백질의 가수 분해를 촉진하는 데 직접 관여를 합니다. 그러니 이렇게 생각을 하시면 됩니다. 우리 몸이 소화 효소를 만들어 내기 위해서는 원료 물질인 아미노산을 공급하여야 하므로 단백질도 잘 먹어 주어야 하고 촉매 활성을 높여 주는 미네랄도 잘 먹어 주어야 한다고 말입니다.

그리고 위장이 꿀렁거리면서 음식물도 섞어 주고 소장이 활발히 움직이면서 대장 쪽으로 음식물을 잘 이동시켜 주어야겠지요? 이러한 내장 운동에 마그네슘이 아주 중요한 역할을 한다는 것은 잘 알려진 사실입니다. 역시 미네랄이네요.

요약을 해 보겠습니다. 소화가 잘 안되는 분들은 다음과 같이 해야 하겠지요?

1. 소화 효소를 지니고 있는 음식을 익히지 말고 먹는다. 김치는 괜찮지만 김치찌개에는 활성 소화 효소가 없습니다.
2. 단백질을 충분히 섭취한다. 과식을 하면 안 되지만 적절한 양의 단백질은 먹어 주어야 소화 효소를 만드는 데 필수적인 아미노산이 공급됩니다.
3. 미네랄을 충분히 섭취한다. 다양한 종류의 금속 이온들은 효소의 작용에 아주 중요한 역할을 합니다. 그러니 미네랄 결핍이 일어나지 않도록 하는 적절한 미네랄 보충제 섭취는 도움이 될 것입니다.

4. 아, 그리고 소화를 시키기 위해서 식사 중 물을 마시면 안 된다는 사람들도 있는데 이건 과한 걱정입니다. 지나치게 많은 물을 마시는 것은 소화 효소와 음식물을 서로 만나게 하는 데 방해를 하겠지만 적절한 양의 물은 이들이 서로 잘 섞이게 하는 것을 도와준다는 사실을 잊지 마세요.

모두 맛있는 식사 하세요.

게으른 자를 위한 화학 TIP

소화의 가장 큰 적은 너무 빨리 많은 음식을 먹는 행위입니다. 위에서 음식물이 소화 효소와 뒤섞이려면 적당한 공간이 있어야겠지요? 또한 우리 몸에 있는 소화 효소에는 한계가 있습니다. 너무 많은 음식을 밀어 넣으면 부족한 양의 소화 효소가 다 처리할 수 없다는 것은 당연한 이치입니다. 또한 병에서 회복되는 시기와 같이 몸에 힘이 없을 때 소화가 어려운 거친 음식을 많이 섭취하는 것도 안 되겠지요? 병에서 회복될 때 죽을 먹는 것은 몸에 부담을 주지 않는 아주 현명한 행동입니다.

4

몸속에 돌은 왜 생기나?

몸속에 신장 결석이 생기면 아주 고통스럽습니다. 이 돌이 쪼개져서 나올 때 요도를 긁으면서 나오면 빨간 피오줌을 볼 수도 있지요. 쓸개에 담석이 생겨서 쓸개즙이 제대로 분비되지 못하면 소화를 못 시켜서 누렇게 뜰 수도 있습니다. 이런 돌들은 대체 무엇이며 몸속에서 왜 생길까요?

신장 결석의 주성분은 칼슘 옥살레이트(CaC_2O_4)라는 염입니다. 칼슘 양이온(Ca^{2+})과 옥살레이트 음이온($C_2O_4^{2-}$)이 만나서 만드는 것인데 물에 잘 녹지 않습니다.

$$Ca^{2+} + C_2O_4^{2-} \rightleftarrows CaC_2O_4$$

이 식에서 양쪽 화살표가 보이실 것입니다. 그런데 오른쪽으로 가는 화살표는 길고 왼쪽으로 향하는 화살표는 짧지요? 칼슘 양이온과 옥살레이트 음이온이 만나서 칼슘 옥살레이트를 만드는 것은 쉽고 칼슘 옥살레이트가 녹는 것은 어렵다는 뜻입니다.

우리의 내장에서 음식물로부터 칼슘 양이온을 뽑아냅니다. 그러면 칼슘 양이온은 피를 타고 돌다가 신장으로 가겠지요. 그런데 신장에 만약 옥살레이트 음이온이 많이 있으면 그만 거기서 둘이 눈이 맞아서 칼슘 옥살레이트 염 덩어리, 즉 신장 결석이 되고 마는 것이에요. 옥살레이트라고 그러니까 무슨 아주 무서운 물질일 것 같지요? 그런데 이 옥살레이트 음이온은 우리가 즐겨 먹는 시금치, 비트, 캐슈너트, 아몬드, 된장 등의 음식에 들어 있어요.

몸에 이상이 있어서 칼슘 이온이 핏속에 비정상적으로 많다든지 칼슘 보충제를 너무 많이 먹어서 신장에 칼슘 이온이 이미 많이 있

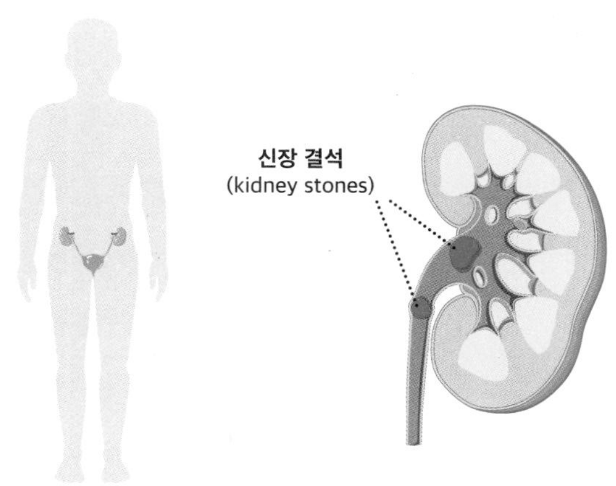

횡격막 아래 척추의 양쪽에 좌우 한 쌍으로 존재하는 신장

는데 거기에 건강을 생각한다고 시금치, 비트, 아몬드 등을 먹어 주면 그만 신장에 돌이 생길 수 있게 되는 것이지요. 좋은 것을 먹고 거기에 또 다른 좋은 것을 먹었는데 둘이 서로 악영향을 끼치게 되는 상황이 벌어져 버린 것입니다.

신장 결석의 다양한 크기와 모습

그러면 담석은 무엇일까요? 담석은 콜레스테롤cholesterol과 빌리루빈bilirubin이라는 분자가 뒤섞인 덩어리입니다. 빌리루빈은 적혈구가 파괴되면서 만들어지는 색소인데 간을 통해 쓸개즙에 들어가게 됩니다. 몸에 지나치게 콜레스테롤이 많은 경우 이 빌리루빈과 합쳐지며 녹지 않는 덩어리를 만들 수 있어요. 담석증이 생기는 거죠.

콜레스테롤

콜레스테롤은 음식에서 섭취하기도 하고 간에서 직접 만들어 내기도 하지요. 하지만 간에서 만들어 내는 콜레스테롤의 양이 많으므로 음식 조절만으로는 콜레스테롤 수치를 낮추지 못하는 경우가 많아요. 콜레스테롤 수치가 너무 높은 사람의 경우 음식 조절만으로 다 해결하겠다는 생각을 하지 않고 병원에 가서 약을 처방받는 것이 더 효과적인 담석증 예방법이 될 수 있겠습니다.

게으른 자를 위한 화학 TIP

칼슘이 많은 음식과 옥살레이트가 많은 음식을 같이 섭취하면 녹지 않는 칼슘 옥살레이트 염이 생기고 이것들은 몸에 섭취되지 않고 대변으로 빠져나갈 수 있습니다. 그러니 칼슘이 많은 유제품과 앞에서 이야기한 음식을 동시에 먹는 것은 신장 결석을 막는 좋은 방법이 될 수도 있어요. 치즈와 시금치가 들어간 샐러드, 아몬드와 캐슈너트 같은 견과류와 요거트 쌍은 아주 좋은 음식 궁합을 자랑하는 것이지요. **물론 칼슘이 부족한 골다공증의 환자가 이렇게 하면 필요한 칼슘을 못 얻으니 골다공증 환자에게는 적절하지 않은 음식 궁합이 되는 거죠.**

5

술을 많이 마신 다음 날 배가 부글부글 끓는 이유

술을 아주 많이 마신 다음 날 머리가 깨질 듯이 아픈 분들이 아침에 주로 어디에서 시간을 보내나요? 변기에 앉아서 본인의 인생을 생각하는 경우가 많지 않나요? 아랫배는 부글부글 끓고 화장실에 푸드덕푸드덕 비둘기가 날아가는 소리가 들립니다. 운이 나쁘면 그날 하루 종일 화장실을 들락날락해야 할 수도, 회사에 출근을 못 할 수도 있습니다.

술이 우리 몸으로 들어오면 간은 참 열심히 일을 합니다. '독이다. 빨리 해독해야 한다!' 그러면서 간세포들은 열심히 알코올을 아세테이트acetate로 바꾸지요. 우리 몸에서 좋지 않은 것을 배출하는 가장 좋은 방법이 무엇인가요? 그렇지요. 대변으로 배출하는 것이 제일 좋지요. 그래서 간은 이 아세테이트를 대장으로 배출해 버립니다.

그런데 문제가 하나 생깁니다. 아세테이트는 장내 세균들이 아주 좋아하는 먹이입니다. 이걸 먹고 장내 세균들(특히 독성 물질들을 내뿜어서 우리 몸에 악영향을 끼치는 혐기성 세균들)이 아주 폭발적으로 자라납니다. 장에 세균이 우글우글하게 되지요. 우리 장에는 유익균 유산균도 살지만 다른 나쁜 균도 살아요. 그런데 나쁜 균들이 많이 생기면 유산균들은 힘을 못 쓰지요. 장내 세균의 분포가 바뀌어 버리는 세균 불균형dysbiosis이 일어나게 되는 것이지요.

이제 이 나쁜 균들이 무지막지하게 많이 생기면서 독성 물질을 뿜뿜 내뿜어서 장이 일을 제대로 못 하게 만들어 버립니다. 장이 가스 때문에 부풀어 오르는 것뿐만 아니라 장에 염증을 일으키기도 합니다. 대장이 일을 못 하니 설사가 나는 것은 당연지사.

이것만 기억을 합시다. 술을 많이 마시게 되면 나의 장에서는 나쁜 균이 폭발적으로 성장한다. 우리의 아군인 유산균이 이기도록 만들려면 시간이 좀 걸릴 수밖에 없겠지요? 한동안 술을 금하고 유산균도 먹고 몸을 깨끗하게 만들어 주어야 원래의 건강한 상태로 돌아갑니다. 어제도 술이고 오늘도 술이다? 그러면 뭐 장에는 세균 대잔치가 벌어지고 몸에서 퀴퀴한 냄새가 나는 것은 어쩔 수 없겠습니다.

게으른 자를 위한 화학 TIP

애주가들에겐 참 듣기 싫은 이야기겠지만 **술은 참으로 만악의 근원인 듯합니다.** 많은 양의 알코올은 간의 건강을 해치고 행동을 굼뜨게 만들고 판단도 흐리게 만듭니다. 또한 음주는 암의 발생과 유의미한 상관관계가 있으니 적당한 수준에서 가끔만 즐기면 좋겠습니다.

6

바싹 마른 오징어를 구워서 맥주와 먹으면 소화가 잘 안되는 뻔한 이유

완전히 바싹 마른 오징어를 불에 구워 딱딱한 상태를 만들어 놓고 이걸 안주로 해서 맥주를 마시면 때로는 소화 불량에 걸릴 수 있지요. 왜 그럴까요?

아미노산들이 -NHCO-결합에 의해 연결되어 펩타이드 사슬을 만듭니다. 이 펩타이드 사슬은 나선 구조로 꼬여 있을 수도, 판 형태를 가질 수도, 공처럼 뭉쳐 있을 수도 있지요. 이런 구조들이 또 여러 개 합쳐져서 있을 수도 있습니다. 이러한 것을 우리는 단백질이라고 부르지요.

그러니 단백질을 쪼개고 쪼개면 결국은 아미노산을 만들게 되는 것이지요. 그런데 펩타이드 사슬을 한 번 쪼갤 때마다 -NHCO-는 물 한 분자가 더해져서 각각 $-NH_2$와 HOOC-로 변하게 됩니다. 단백질 분해 효소가 펩타이드 사슬을 쪼개어 최종적으로 아미노산

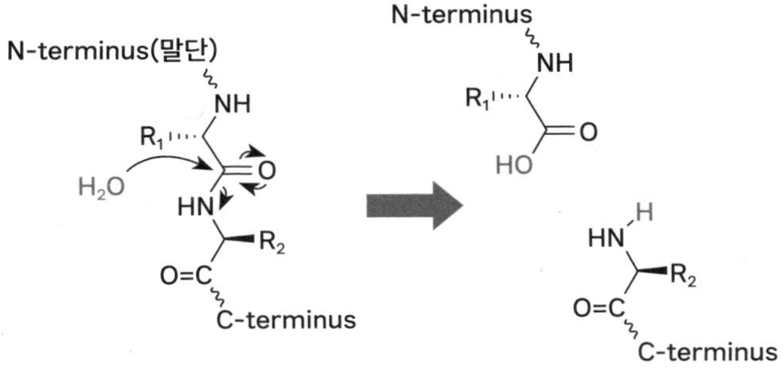

N-terminus(말단) NH R_1 H_2O O HN R_2 O=C C-terminus → N-terminus NH R_1 O HO HN H R_2 O=C C-terminus

-NHCO-에 물 분자가 더해지면서 아미노산 2개가 생기는 과정

들을 만들어 내는 것을 소화라고 부릅니다.

자, 이제 생각을 해 봅시다. 만약 펩타이드 사슬이 꽁꽁 뭉쳐져 있다면 소화 효소가 풀린 사슬 부분을 찾아서 사슬을 잘라 내는 것이 그다지 쉽지가 않을 것입니다. 딱딱한 구운 오징어에 들어 있는 단백질의 상태가 바로 이것입니다. 대충 씹고 삼키면 소화력이 약한 사람의 경우는 (즉 위장 운동이 잘 일어나지 않고 소화 효소가 충분히 많지 않은 경우) 소화가 잘 안될 수 있는 것이지요. 맥주를 많이 마시면서 오징어 안주를 먹으면 더 문제지요. 맥주가 소화 효소의 농도를 아주 묽게 만들어 버리고 위산의 산성도도 크게 낮추어 버리니까 효소 작용이 잘 안 일어나서 오징어가 소화가 잘 안되는 것은 자명한 일입니다.

오징어가 소화가 덜 된 상태로 대장에 도달하면 이제 대장에서는 세균들의 잔치가 벌어집니다. 단백질을 먹으며 세균들이 방귀를 뿡뿡 뀌어 대지요. 그러면 사람의 장은 부글부글 끓어오르고 아랫배가 살살 아플 수도 있지요.

그러니 평소에 소화가 잘 안되는 분들은 바싹 마른 육포나 오징어 같은 것을 피하는 것이 좋겠지요? 주변을 둘러보면 일반적으로 나이가 들어갈수록 위장의 운동도 잘 안되고 소화 효소액도 충분히 분비되지 않는 듯합니다. 젊은 시절 맥주에 마른오징어를 즐기던 분이라고 하더라도 이제는 욕심을 조금 내려놓고 부드러운 음식으로 바꾸는 것이 어떨까요? 이미 단백질이 퉁퉁 불어 있어서 펩타이드 사슬에 효소가 쉽게 접근할 수 있는 수육이 있잖아요. 그것을 저는 '현명함'이라고 부르고 싶습니다.

'뭐야? 내 위장은 강철 위장이라서 그런 거 필요 없어'라고 하시는 분들은 상관없지요, 뭐. 얼마 전 백화점 라운지에서 연세가 좀 있으신 분들의 대화를 들었는데 재미있더군요. '나는 아직 끄떡없어. 피자 한 판을 다 먹었는데도 소화 잘돼.' 옆에 있던 분이 감탄을 하시는 척하면서 자식 자랑을 하시더군요. '나는 요즘 소화가 잘 안되어서 피자 안 먹어. 얼마 전 아들이 데리고 간 호텔 한정식 괜찮더라고.' 저는 그냥 조용히 외칩니다. '파이팅! 이기는 편 우리 편!'

게으른 자를 위한 화학 TIP

지나치게 마른 음식은 그 속에 들어 있는 단백질의 양이 별로 되지 않는다고 오판하게 만듭니다. 마른 음식을 삼키기 위해서는 맥주든 물이든 액체의 도움을 받아야 하지요. 문제는, 대부분의 마른 음식은 수분을 빨리 흡수하지 않고, 음식을 넘기기 위해 마신 물이나 음료는 소화 효소가 음식의 분해에 작용하는 것을 방해한다는 것입니다. 방법이 무엇이냐고요? 마른 음식은 꼭꼭 씹어서 천천히 드시면 되겠지요?

7

콧물을 많이 들이마시면?

맛있는 간식을 앞에 둔 커다란 골든 리트리버에게 '기다려'를 외칠 때 멍멍이의 입에서 길게 늘어지는 침 줄기. 연근, 오크라, 또는 마를 썰면 단면에서 흘러나오는 끈적거리는 점액질. 낫토를 젓가락으로 들면 쭉 늘어지는 끈끈한 실. 장어의 몸을 덮고 있는 점액질.

이들의 공통 성분이 바로 뮤신mucin이라는 것입니다. 뮤신의 구조는 간단하게 설명하면 아미노산들이 쭉 연결되어 있는 펩타이드 사슬에 글리칸glycan이라고 부르는 당 분자들의 사슬들이 마치 나무의 잔가지처럼 연결이 되어 있지요. 이러한 것을 당단백질glycoprotein이라고 부르는데 세포의 표면에 매달려 있습니다. 머리 아픈 구조 설명은 이 정도로 합시다.

당 분자는 -OH를 아주 많이 가지고 있습니다. 아이들이 가지고 노는 물풀이 끈적끈적하지요? 물풀에 쓰이는 고분자 구조도 -OH

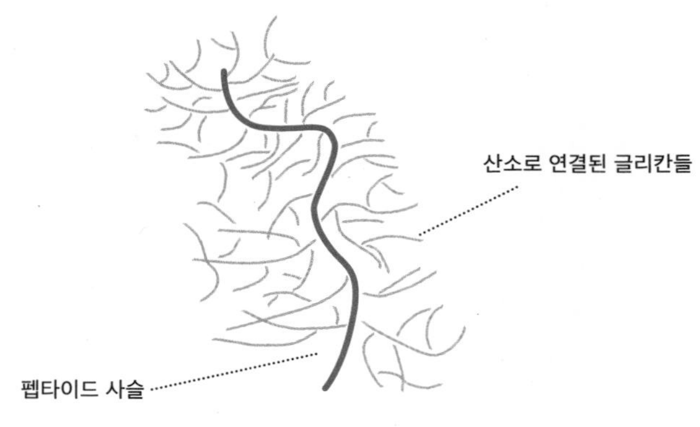

뮤신의 구조

를 많이 가지고 있습니다. 이러한 -OH 때문에 뮤신은 물과 아주 친합니다. 수소 결합을 만들거든요. 뮤신과 뮤신 사이에 물 분자들이 수소 결합으로 꽉 잡고 있기 때문에 뮤신들은 서로 잘 붙어 있지요. 그래서 점액질은 축축하기도 하고 아주 끈적거리지요.

이러한 뮤신의 성질은 화장품을 만들 때 아주 유용하게 쓰입니다. 뮤신을 피부에 발라 놓으면 물 분자들을 오래오래 잡아 둘 수 있으니 피부가 오랫동안 촉촉한 상태로 유지될 수 있겠지요? 한때 큰 유행을 탔던 화장품 중에 달팽이 크림이 있습니다. 달팽이의 몸을 덮고 있는 끈끈한 점액질에 들어 있는 뮤신 성분을 이용하여 크림을 만든 것이지요.

몸속으로 무엇인가 좋지 않은 것(즉 알레르기를 일으키는 물질이나 바이러스)이 들어온다고 판단되면 우리의 몸은 세포에 매달려 있던 뮤신이 떨어져 나오게 하여 그 나쁜 것들을 둘러싸서 밖으로 뱉어 내

버립니다. 뮤신은 위를 포함하여 내장의 벽에 쫙~ 코팅이 되어 있습니다(정확하게는 내장 상피 세포의 표면에 뮤신이 붙어 있습니다). 이 뮤신 보호막 덕분에 내장이 소화 효소에 의해 소화되지 않는 것이지요. 여러분은 뮤신 덕에 살아 있는 것입니다.

어때요? 이렇게 보니까 뮤신은 참 많은 곳에서 나타납니다. 아미노산과 당 분자들이 모여서 뮤신이라는 아주 흥미롭고 유용한 물질을 만들었네요. 자연은 참 대단합니다. 그렇지요?

게으른 자를 위한 화학 TIP

콧물을 마셔도 큰 문제는 없겠으나 너무 많이 들이마시지는 마세요. 뮤신은 소화가 잘 안되니까 너무 많은 콧물을 삼키면 소화 불량에 걸릴 수도 있겠네요. 어차피 맛도 없잖아요. 세균과 함께 삼키면 세균이 뮤신을 먹고 마구 증식하여 배가 많이 더부룩하고 구역질도 날 수 있답니다.

8

당알코올을 많이 먹으면 배에 가스가 차는 이유

당알코올sugar alcohol이란 이름을 들으면 '응? 설탕에 술(에 들어있는 에틸알코올)을 섞은 것인가?'라는 기발한 생각을 하시는 분들도 있겠네요.

탄소화합물에 -OH가 붙으면 이름을 알코올이라고 부릅니다. 우리를 취하게 하는 술의 성분만 알코올이 아니라 부동액에 쓰이는 글리콜도 알코올이고, 화장품에 들어가는 글리세린(또는 글리세롤)도 알코올이지요. 다음 그림에 글리콜과 글리세롤을 표시해 두었습니다.

HO / OH

글리콜

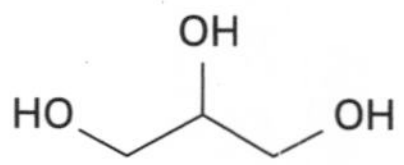

OH
HO / OH

글리세롤

기억을 할 것은, 당알코올은 우리가 아는 당(설탕)도 아니고 술에 들어 있는 에틸알코올도 아니라는 사실입니다. 당 분자들에서 유래한 당알코올은 사과, 배 등 우리가 즐겨 먹는 과일에서 많이 발견되며 달콤한 맛을 냅니다. 이 분자들은 각 탄소 원자마다 -OH를 하나씩 가지고 있지요. 달콤하니까 포도당, 과당, 설탕 대신 음식에 넣어서 감미료로 사용할 수 있겠지요? 다음의 당알코올들이 우리가 흔히 보는 또는 알게 모르게 섭취하는 것들입니다.

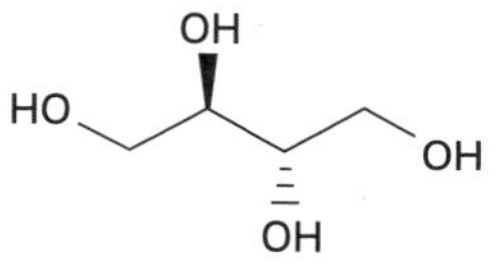

에리트리톨

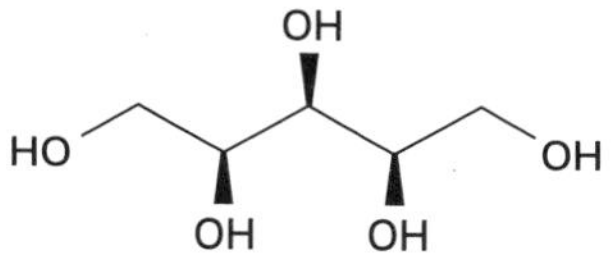

자일리톨

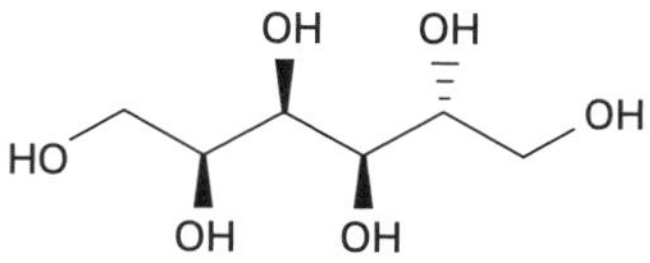

소르비톨

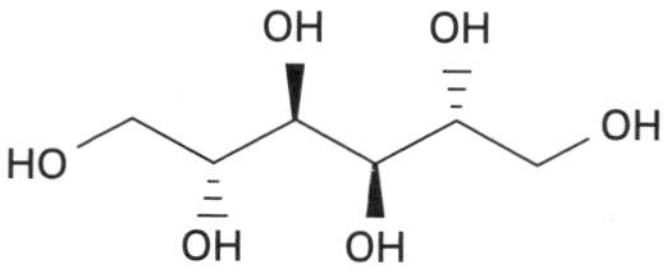

만니톨

우리가 녹말(밥이나 빵에 있는)을 먹든, 다른 당들을 먹든 간에 입에서부터 소화가 시작되어 작은 분자들로 쪼개져서 소장에서 흡수됩니다. 그러면 혈액의 '혈당 수치'가 높아집니다. 그런데 당알코올은 소장까지 직행을 하더라도 소장에서 잘 흡수를 못 해요. 먹은 당알코올의 1/3에서 1/2 정도까지만 흡수합니다. 흡수를 잘 못 하니까 혈액의 혈당 수치가 높아지지 않는 것이 당연하지요. 거기에 당알코올의 열량은 일반적으로 설탕보다는 많이 낮아요. 1g당 자일리톨xylitol은 2.4kcal, 만니톨mannitol은 1.6kcal, 소르비톨sorbitol은 2.6kcal입니다. 달콤해서 입은 즐겁게 해 주는데 혈당 수치는 올리지 않으니 이것은 정말 신의 선물인 듯하지요.

그런데 세상이 그렇게 호락호락한가요? 소장에서 흡수되지 않은 당알코올이 가는 곳은 대장입니다. 대장님! 대장으로 가면 균이 버글버글하지요? 이 균들이 당알코올을 열심히 분해하며 이산화탄소를 만들어 냅니다. 가스가 부글부글 차오릅니다. 또한 당알코올은 설사를 유발하기도 해요. 칼로리가 완전히 없는 것이 아니기 때문에 많이 먹으면 살이 찝니다.

마지막으로 주의! 에리트리톨erythritol은 심장마비 및 뇌졸중을 유발하는 것처럼 보인다는 연구 결과도 있답니다. 사람마다 민감도가 다르지만 과도하게 섭취 시 구역질, 복통, 설사 등의 부작용도 있어요.

혹시~ 사과나 배를 많이 먹으면 배가 끓어오르고 화장실에 가고 싶지 않던가요? 앞에서 당알코올은 과일에도 있다고 했지요? 과일은 섬유질도 많고 당알코올도 많아요. 과일을 많이 먹으면 장에 있는 (좋은 균이건 나쁜 균이건 간에) 균들이 증식하기에 최적의 상황을 만듭니다. 그래서 과일도 너무 많이 먹으면 가스가 가득 차서 배가 더부룩해지는 것입니다. 과일만 먹어도 당알코올을 섭취할 수 있는

데 아예 음식에 팍팍 뿌려서 먹으면 어떨까요? 방귀대장 뿡뿡이가 될 수 있지요.

방귀를 뿡뿡 뀌다가 화장실로 직행할 수 있는 당알코올을 적당히 먹어야겠습니다. 하루에 10~15g 이상 먹지 말라고 하는데 사람마다 민감도가 다르니 다들 알아서 해야겠습니다. 자일리톨 껌으로 테스트를 해 보실 수도 있겠네요. 몇 개 정도를 한 번에 씹으면 배가 끓어오르는지.

게으른 자를 위한 화학 TIP

다음은 링티제로라는 스포츠 음료의 성분표입니다. 이제 당알코올 에리트리톨이 눈에 보일 것입니다. 오른쪽 하단을 보세요. 에리트리톨의 경우 몸무게 1kg당 0.8g 이상 섭취하면 설사를 유발합니다. 50kg의 여성이 40g을 먹게 되면 즉, 링티 세 병을 마시면 설사를 할 수 있겠네요.

총 내용량당	1일 영양 성분 기준치에 대한 비율	총 내용량당	1일 영양 성분 기준치에 대한 비율
나트륨 160mg	8%	지방 0g	0%
탄수화물 13g	4%	트랜스지방 0g	
당류 0g	0%	포화지방 0g	0%
콜레스테롤 0mg	0%	단백질 0g	0%
나이아신(B3) 15mg NE	100%	판토텐산(B5) 5mg	100%
비타민 B6 1.5mg	100%	비타민 B1 2.4μg	100%
아연 8.5mg	100%	에리트리톨 13g	

영양 정보: 총 내용량 500mL / 0kcal

9

호주에서 곤약 가루 판매가 금지된 이유

어묵탕에 곤약, 꽤 잘 어울리는 조합입니다. 곤약은 다이어트 식품으로 유명하지요. 소화가 거의 안되기 때문에 곤약에서 얻을 수 있는 열량은 거의 없습니다. 100g을 먹어도 15kcal밖에 열량이 안 나오거든요. 곤약국수를 먹으면서 다이어트를 하시는 분도 있을 것이고, 곤약 가루가 들어 있는 캡슐을 식전에 드시는 분도 있을 것입니다.

곤약은 당 분자 글루코오스glucose와 만노스mannose로 만들어진 사슬 형태의 글루코만난glucomannan이라는 이름의 탄수화물입니다. 곤약이라는 식물의 뿌리에서 얻을 수 있지요. 간혹가다가 사슬 옆에 자잘한 가지들이 자라기도 합니다. 옆의 그림에서 G는 글루코오스를 M은 만노스를 표시하는 것입니다. 화학 구조 설명은 이 정도로 하지요. 화학자들도 글루코오스가 어떻게 생겼는지 만노스

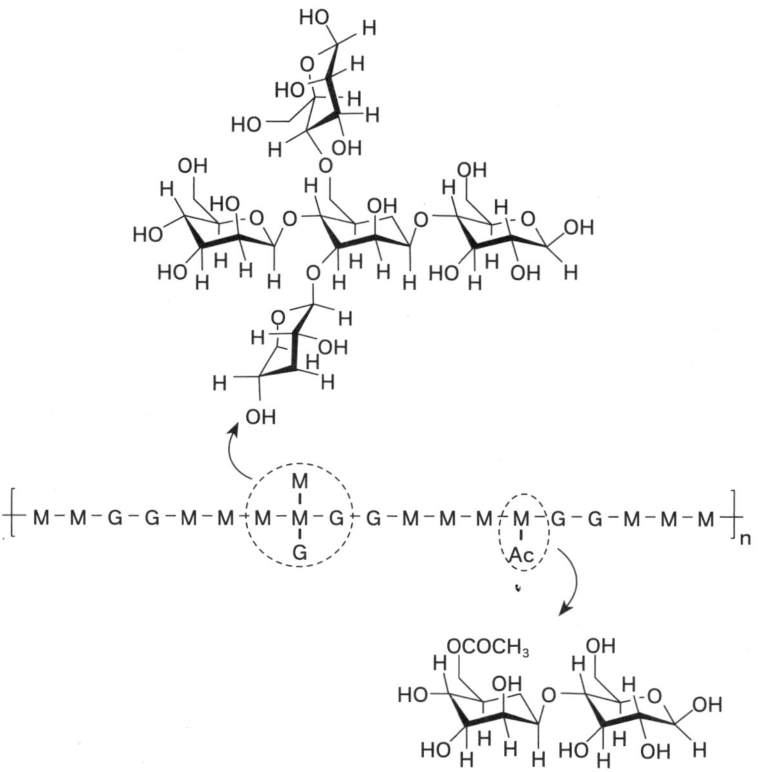

글루코만난

가 어떻게 생겼는지 대부분 별 관심도 없고 그냥 그런 게 있다 정도만 알아요. 그러니 '제가 이런 구조를 보여 드리는 이유는 관심이 아주 많으신 분들을 위한 서비스 차원이다' 정도로 받아들이시길 바랍니다. 대부분의 분들은 '구조는 패스!' 하고 외치시면 됩니다. 이런 구조를 보면서 '이번 생에 화학은 망했어. 나는 안 돼'라고 생각하시

곤약

면 안 됩니다. 쓸데없는 좌절 금지!

우리가 탄수화물 중에 녹말은 소화를 시키지만 셀룰로오스는 소화를 못 시키는 것을 잘 아시지요. 우리 몸에는 셀룰로오스를 소화시키는 효소가 없거든요. 마찬가지 이유로 곤약을 소화시키지 못하는 것입니다. 소화를 시킬 수 있거나 말거나 간에 탄수화물들은 물과 아주 친합니다. 물 분자와 탄수화물은 수소 결합을 통해 강하게 결합할 수 있습니다. 종이가 물에 잘 젖듯이 녹말에 물을 부으면 반죽이 만들어지듯이 곤약도 물을 만나면 많이 부풀어 오릅니다.

그런데 곤약 가루를 너무 많이 먹고 물을 적게 마시면 어떻게 될까요? 곤약 가루가 아주 딱딱한 돌덩어리처럼 변해서 식도에 걸려버릴 수 있겠지요? 거기에 목이 막힌다고 물을 더 마시면 이제 곤약 가루는 더 부풀어 오르면서 기도를 압박하여 질식을 시킬 수도 있겠지요? 곤약으로 얻는 다이어트의 이득보다 이러한 질식사의 위험이 더 클 수 있다는 생각에서 호주에서는 곤약 가루 판매를 금지하였답니다.

우리나라에서는 곤약 가루 캡슐을 쉽게 살 수 있고 다이어트 목적으로 사용할 수 있습니다. 그러니 곤약 가루의 쓸모와 위험성을 잘 알고 사용하시기 바랍니다. 마트에서 살 수 있는 곤약으로 만든

국수나 네모난 곤약 덩어리는 얼마든지 식재료로 써도 문제없지요. 다만 저혈당의 위험을 안고 사는 분들의 경우에는 곤약이 아주 위험한 식품일 수 있다는 것은 잘 아셔야 합니다. 먹어도 거의 열량이 안 나오니까요. 또 등산이나 격렬한 운동을 하기 전에 곤약만 잔뜩 먹고 하면 다이어트는커녕 힘이 들어서 병이 생길 수도 있으니 조심해야죠. 뭐든 적당하게 하는 것이 최고인 듯합니다.

게으른 자를 위한 화학 TIP

*TMI: 당 분자 mannose는 성경에 나오는 음식 Manna를 이름의 기원으로 합니다. 그 만나가 이 만나라는 뜻은 아닙니다. 그냥 이름이 그렇다는 것이지요.

10

젖먹이가 생우유를 마셔도 되는가?

직장을 가진 엄마들의 큰 고민 중 하나는 '젖을 언제까지 먹이는가'일 것입니다. 직장을 다니면서 모유 수유를 한다는 것은 거의 불가능하여 소나 산양 등의 젖의 성분을 기반으로 조제한 분유를 먹이는 것이 현실이지요. '분유를 마시게 하느니 생우유를 그대로 먹이면 안 되나?'라는 생각을 하는 분들도 있을 듯하여 이렇게 글을 씁니다. •

사람 엄마의 젖은 다른 포유류와 완전히 다른 특징이 있습니다. 대부분의 포유류의 젖에 들어 있는 당의 종류는 30~50가지 정도밖에 안 되는데, 출산 초기의 사람 엄마의 젖에는 무려 200여 종의 당 분자가 있지요. 또한 출산 초기의 모유에는 해로운 박테리아에 맞

• 참고한 논문: Thierry Hennet·Lubor Borsig, 〈Breastfed at Tiffany's〉, Trends in Biochemical Sciences, 2016.

서 싸울 수 있는 항체가 많이 들어 있습니다. 흥미로운 점은 아이가 태어난 지 한 달 정도만 지나면 이러한 항체의 양도 확 줄어들고 당 분자의 다양성도 많이 줄어든다는 것입니다.

엄마의 젖에 있는 다양한 당 분자는, 아이는 소화를 거의 못 시키지만, 장에서 사는 다양한 유익균들을 성장시키는 데 도움을 주지요. 또한 엄마가 젖으로 주는 다양한 항체를 이용하여 갓난아이는 병에 맞서 싸울 수 있습니다. 엄마의 젖이 아기에게 해로운 박테리아는 성장을 못 하게 방해하고 이로운 균들을 무럭무럭 성장하게 하여 아기의 건강을 돕는다는 것이지요.

이상 엄마의 젖, 특히 출산 이후 1개월 동안의 젖의 구성과 역할에 대해 정리해 보았습니다. 사람의 젖이 잡식을 하는 사람 아이에게 좋은 것은 너무나 당연한 것입니다. 아주 긴 시간 동안의 진화가 최적화시킨 산물이잖아요.

그러면 이제 제목의 질문으로 가 봅시다. 답은 '가공하지 않은 그대로의 우유는 젖먹이 갓난아이가 마시면 안 됩니다'입니다. 왜냐고요? 사람의 젖에 비해서 같은 양의 소의 젖에는 사람보다 3~5배 정도 더 많은 단백질과 지방이 들어 있어요. 너무 많은 단백질을 아이가 섭취하면 아이의 약한 신장이 그 많은 단백질을 다 처리하기가 너무 벅차지요. 그래서 신장에 문제가 생길 수 있습니다. 거기에 젖에는 유청 단백질과 카세인 단백질이 있는데 사람은 유청 단백질의 비율이 더 높고 소는 카세인 단백질의 비율이 더 높아요. 유청 단백질이 카세인 단백질보다 소화가 훨씬 더 잘되어서 아이의 장에 부담을 안 주는데, 소화가 어려운 카세인이 많은 소의 생우유를 갓난 아이가 마시면 당연히 힘들어하지요. 아이의 배가 부글부글 끓어오를 수 있겠지요.

분유는 생우유와 완전히 다른 제품입니다. 사람의 젖과 최대한 비슷한 조성을 가지도록 맞춘 것입니다. 그걸 꼭 기억하시고 젖먹이 아이에게 조제하지 않은 우유를 먹이는 일은 절대로 하지 마시기 바랍니다.

게으른 자를 위한 화학 TIP

초보 아빠 엄마들은 아이에게 무엇을 먹이면 안 되는지 모르는 경우가 많습니다. 핵가족 시대에 그런 것을 가르쳐 줄 어른들이 곁에 없는 경우가 많으니까요. 바쁘고 힘들겠지만 아이의 건강을 위해서 절대로 먹이면 안 되는 것들의 리스트를 만들어 두고 지키면 좋겠습니다.

11

플로리다의 비건 맘은 왜 종신형을 선고받았나?

2019년 플로리다에 사는 채식주의자 부부의 18개월 된 아이가 사망했습니다. 사망 당시 체중은 약 8kg에 불과했지요. 이 채식주의자 가족은 생과일과 채소로만 이루어진 식단을 고집했다고 합니다. 비록 아이는 모유 수유도 했지만 가족의 엄격한 채식주의 식단에서 자유로울 수는 없었지요. 2022년에 이 아이의 엄마는 아동 학대 및 살인죄 등의 이유로 종신형을 선고받았습니다. 남편 또한 징역형을 선고받았습니다. 아이는 왜 심각한 영양실조에 걸려 사망에까지 이르고 말았을까요?

1. **필수 아미노산 부족:** 사람은 살아가기 위해 총 20개의 아미노산을 필요로 합니다. 이 중에 9개의 아미노산은 사람이 스스로 만들어 낼 수 없고 오로지 식품에서 얻어야 하므로 필수 아미

노산이라고 부릅니다. 또한, 남은 11개 아미노산 중 6개의 아미노산은 갓 태어난 아이나 건강에 문제가 있는 사람의 경우 몸에서 만들어 낼 수 없기 때문에 조건부 필수 아미노산이라고 부릅니다. 그리고 나머지 5개 아미노산은 우리 몸이 스스로 만들기 때문에 비필수 아미노산이라고 부르지요.

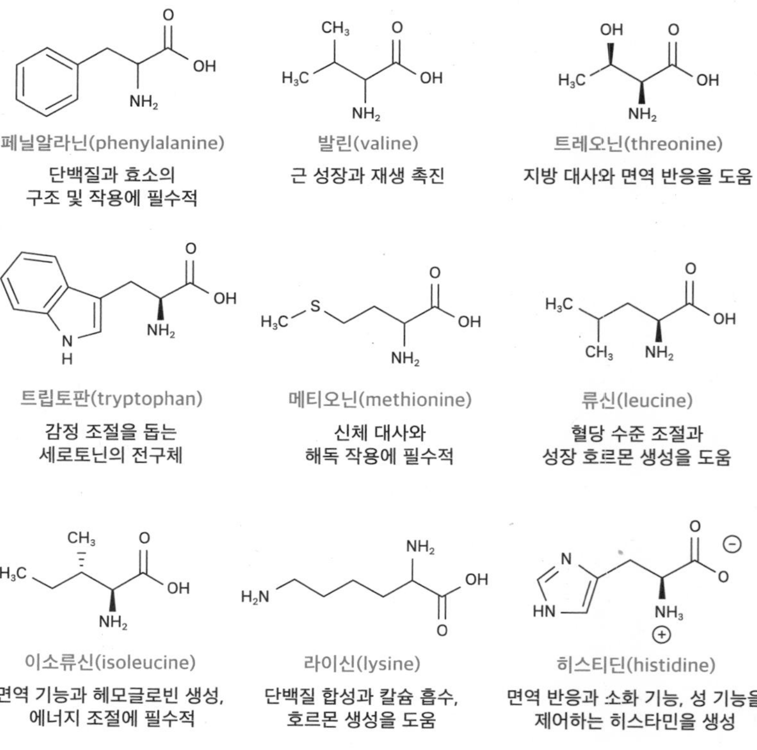

필수 아미노산 9개

달걀이나 우유의 경우 우리 몸이 필요로 하는 모든 종류의 아미노산을 다 가지고 있습니다. 또한 육류나 생선이 포함된 일반적인 식단의 경우 필수 아미노산을 어떠한 무리도 없이 다 얻을 수 있습니다.

그런데 비건 다이어트vegan diet, 즉 채식주의 식단의 경우 모든 아미노산을 얻기 위해서는 많은 노력을 해야 하지요. 예를 들어 곡물은 라이신이라는 아미노산이 많이 부족합니다. 밥에 김치만 먹고는 영양실조 걸리기 딱 좋다는 말입니다. 예전에 우리나라 운동선수들이 국제 대회에 나가서 힘을 못 썼던 이유가 주로 밥에 나물 반찬만 먹는 식단을 가졌기 때문인 것은 누구나 잘 아는 사실이지요. 콩과 같은 단백질이 풍부한 음식을 다양하게 충분히 먹어야 채식을 하면서도 필수 아미노산 부족이 일어나지 않습니다. 분명히 말씀드리지만 채식으로도 필수 아미노산을 다 얻을 수 있습니다. 그러나 반드시 어떤 식품이 어떤 영양소를 지니는지 알고 식단을 잘 꾸려야 합니다. 채식을 하면서 완전한 식단을 만들기 위해서는 정말 치밀한 계획이 필요하답니다.

2. **비타민 B12 부족:** 식물에서는 비타민 B12를 충분히 얻기가 힘듭니다. 엄격한 비건 다이어트를 한다면 반드시 보충제로 채워 넣어야 하는 영양소지요.
3. **비타민 D3 부족:** 계란 노른자나 생선을 먹는 사람들은 식품에

서 충분한 양을 얻을 수 있지만 채식을 하는 사람들은 그렇지 못합니다. 보충제가 필요하지요.

그 외에도 철분, 칼슘, 오메가 3 등 중요한 영양소들이 있는데 육류, 우유, 생선 등에서는 쉽게 얻을 수 있는 것들이지만 이들을 식물에서 얻기 위해서는 식단을 잘 꾸려야 하는 문제가 있습니다. 이제 세상에 나온 지 얼마 안 되는 어린아이가 왜 영양실조에 걸리고 말았는지 이해가 잘되지요? 어른이야 맛이 있건 없건 자신의 신념에 따라 식단을 꾸려 가며 먹을 수 있겠지만 어린아이에게 요구되는 영양소는 어른과 다를 뿐만 아니라 아이들은 맛이 없는 음식은 거부할 가능성이 높기 때문에 비건 식단은 어린아이에게는 참 따르기 힘든 것이니까요.

아이가 계란을 먹고 우유만 잘 마시면 될 일을 풀만 먹으라니. 거기에 엄격한 비건 식단을 따르는 엄마가 아이에게 필요한 영양소를 다 가진 모유를 생산할 수 있었을까요? 많이 힘들겠지요? 결과적으로 아이는 죽었고 그 부모는 법의 심판을 받게 되었습니다. 어린아이에게 필요한 영양소가 무엇인지에 대한 무지가 빚은 비극입니다.

게으른 자를 위한 화학 TIP

채식주의뿐만 아니라 알레르기 반응 때문에 충분히 다양한 음식을 접하지 못하는 사람들도 있습니다. 이런 경우 건강에 필수적인 영양소를 명확하게 파악하고 철저한 식단 관리로 부족한 영양소가 없도록 많은 노력을 기울여야 합니다.

12

임신을 준비한다면 챙겨야 할 것

임신을 준비하는 데 챙겨야 할 것이 많지요. 부부가 모두 술과 담배, 인스턴트 음식을 멀리하고 운동도 하며 몸을 만들기도 합니다. 마치 올림픽 경기에 나가듯이 몸과 마음을 가다듬습니다. 엄마들이 가장 걱정하는 것 중의 하나는 아이의 뇌가 충분히 발달하지 못하면 어쩌나 하는 염려일 것입니다. 임신 초기에 아이의 뇌와 척수의 발달에 필수적인 요소 중의 하나가 바로 엽산입니다. 영어로는 folic acid이고 이런 화학 구조를 가지고 있지요. 좀 복잡하지요?

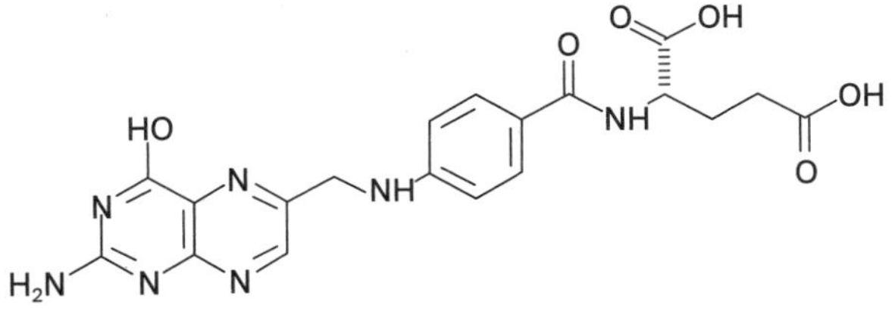

엽산

이 물질이 DNA의 합성에 중요하다는 것은 잘 알려져 있지만 정확히 어떻게 뇌와 척수의 발달에 영향을 주는지에 대해서는 잘 밝혀지지는 않았어요. 하지만 이 물질이 부족한 경우 아이의 뇌와 척수의 발달에 장애가 생길 수 있다는 것은 수많은 사례가 보여 주고 있답니다.

문제는 이러한 아이의 뇌와 척수의 발달 장애는 임신 극초기(4주까지)에 일어난다는 것이지요. 여성이 임신을 한지 안 한지도 잘 모르는 상황이라 손쓸 수 없다는 것이 문제라는 말입니다. 임신테스트기에서 두 줄을 만나게 되었을 때는 이미 아이의 뇌나 척수가 정상이 될지 아닐지가 정해져 있을 가능성이 높습니다.

신선한 샐러드

임신은 때로는 계획에 없이 찾아옵니다. 그러므로 새로운 생명이 예고 없이 찾아왔을 때에도 그 생명의 뇌와 척수가 정상적으로 잘 발달할 수 있도록 미리 준비해 두면 좋겠지요. 엽산은 브로콜리, 케일, 배추, 시금치 등 푸른잎채소에 많이 있으니 이런 채소를 식단에 추가하는 것만으로 충분한 엽산 섭취가 가능합니다. 평소에 샐러드를 즐기는 여성은 별문제가 없겠지요? 물론 임신이 확실해지면 의사가 엽산의 섭취를 추가적으로 권할 수도 있겠습니다만 미리 준비해서 문제될 것은 전혀 없겠습니다. 그리고 임신을 준비 중인 분들은 예쁜 아이를 곧 만나시기 바랍니다.

게으른 자를 위한 화학 TIP

임신을 한 다음에는 육류, 생선, 버섯, 콩, 배추, 브로콜리 등 콜린(choline)이 풍부한 음식을 섭취해야 아이의 뇌가 잘 발달할 수 있습니다. 똑똑하고 건강한 아이를 위해서는 골고루 먹는 것이 가장 좋은 방법인 셈이네요.

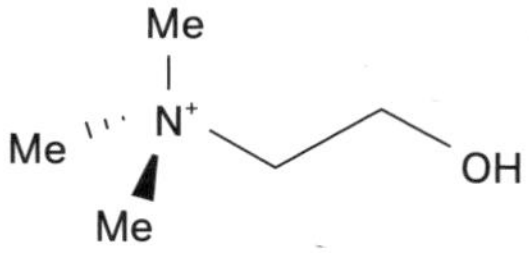

콜린

게으른 자가 건강해지는
독 탈출 Q&A

Q. 비타민 C는 하루 권장량보다 많이 먹어도 문제가 없는데 왜 비타민 D는 그러면 안 되나요?

A. 간만에 좋은 질문을 하는구나. 비타민 C는 물에 잘 녹기 때문에 몸이 필요로 하지 않으면 소변으로 내보내 버리지. 하지만 기름에 녹는 비타민들, 즉 비타민 A와 D 등은 몸에 들어가면 잘 녹아 나오지 않고 쌓여서 부작용을 일으킬 수 있어. 과유불급의 좋은 예지.

Q. 막걸리에 유산균 많잖아요. 많이 마시면 장 건강에 좋은 거 아닐까요?

A. 막걸리는 술이 아니냐? 그리고 막걸리에는 쌀 찌꺼기도 있지. 벌컥벌컥 많이 마셔 주면 장에서는 잔치가 벌어질 거다. 세균 잔치 말이다. 부글부글 끓고 난리가 나지.

Q. 다이어트 중입니다. 저녁으로 곤약 젤리만 먹고 운동하면 살이 빨리 빠질까요?

A. 처음에는 당연히 빨리 빠지겠지. 곤약에 무슨 열량이 있어? 문제라면 다른 것은 안 먹고 곤약만 먹으면 장 운동을 해 줄 에너지조차 없어서 변비에 걸리고 영양실조가 올지도 모른다는 거야. 쓰러져서 병원도 못 부르면 살 빠지지. 암~ 잘 빠지지. 곧 나를 만나러 올 수도 있지.

Q. 갓 태어난 우리 아이에게 분유 따위를 먹일 수는 없죠.
최고급 프리미엄 생우유만 먹일 겁니다. 잘하는 것 맞지 않나요?

A. 응~ 맞지 않다. 생우유는 엄마 모유하고는 완전히 다른 거야.
애가 소냐? 소젖을 먹이게?
우유는 애가 좀 크고 나서 먹이는 거야. 알았지?

Q. 신장에 결석이 생겼어요. 의사 선생님이 물을 많이 마시라고 하는데
고역이네요. 대신 제가 좋아하는 맥주를 좀 마셔 줄까 하는데
좋은 생각이죠?

A. 어이구. 신장 결석에 통풍까지 얹어 보려고?
참 뭐라고 해 줄 말이 없다.
됐고 저세상에서 곧 보자. 번호표 안 뽑아도 돼.

3장

약을 죽이는 음식

1

자몽주스가 몸에 해로울 수 있다?

여느 과일주스와 마찬가지로 자몽주스는 비타민과 미네랄 등 몸에 좋은 성분을 많이 가지고 있습니다. 특히 자몽주스에 들어 있는 푸라노쿠마린furanocoumarins이라는 성분은 항염증, 항암, 항산화 효과를 가지고 있어서 건강에 큰 도움이 됩니다. 간혹가다 한 잔씩 마시면 참 좋을 것 같네요. 그런데 이렇게 좋은 자몽주스를 잘못 섭취하면 몸에 크나큰 해를 끼칠 수 있어요. 언제 그런 일이 벌어질까요?

우리 몸에 약이 들어오고 어느 정도 시간이 지나면 그 약은 분해되어 소변으로 빠져나가든지 몸에서 배출되어야 합니다. 약 분자들이 몸에 너무 많이, 그리고 계속 쌓이게 되면 몸에 독으로 작용을 하기 시작하기 때문이지요. 많은 수의 약들이 우리의 소장에서 CYP3A4라는 효소를 만나게 되어 몸에 해롭지 않은 분자들로 쪼개지는데 자몽주스는 이 효소의 작용을 아주 심하게 방해하지요. 아이

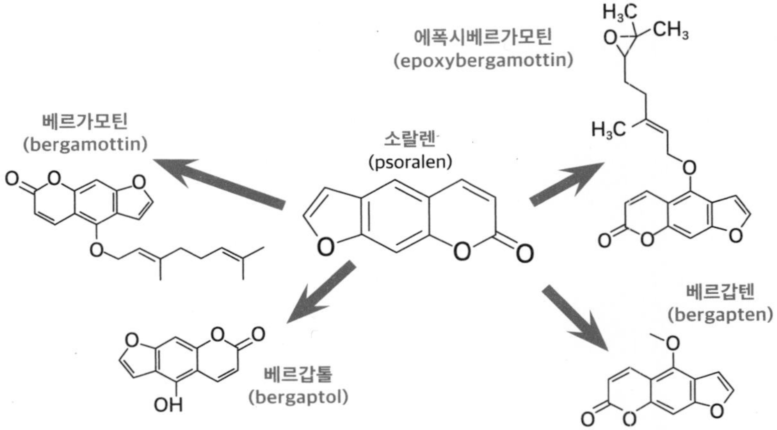

에폭시베르가모틴
(epoxybergamottin)

베르가모틴
(bergamottin)

소랄렌
(psoralen)

베르갑텐
(bergapten)

베르갑톨
(bergaptol)

푸라노쿠마린 화합물군에 속하는 성분들

러니하게도 자몽주스에 있는 건강에 이로운 푸라노쿠마린 성분이 이 CYP3A4 효소를 만나면 작은 분자 조각으로 변하게 되는데, 이 작은 분자 조각들은 CYP3A4 효소의 활성자리에 아주 세게 붙어서 효소가 더 이상 일을 못 하게 만듭니다.

그러니 자몽주스를 마시면 많은 종류의 약들이 몸에서 제대로 배출되지 못하고 우리의 세포들로 너무 많이 들어가는 것입니다. 약이라는 것이 물과 같이 먹었을 때 세포에 얼마가 들어가는지를 보고 정량을 정했는데 자몽주스를 마시면 똑같은 크기의 알약을 먹어도 물과 함께 먹을 때와 비교하여 세포에 더 들어가 버리니 '약이 너무 세지는 것'입니다.

콜레스테롤 수치를 낮추는 스타틴 같은 약물들은 효소들에 의해 분해됨.
자몽주스는 이러한 효소들의 작용을 차단하고 체내에 작용하는 약물의 양을 증가시키는데,
이는 부작용을 유발할 수 있음.

알레르기 증상을 완화하는 펙소페나딘 같은 약물들은 운반체들에 의해 흡수됨.
자몽주스는 이러한 운반체들의 작용을 차단하고 체내에 작용하는 약물의 양을 감소시키는데,
이는 약물의 작용을 저해할 수 있음.

• 자료 출처: FDA

특정 약들과 상극인 자몽주스

자몽주스와 같이 먹었을 때 문제가 되는 약들은 정말 종류가 많아요. 콜레스테롤을 낮춰 주는 스타틴 계열의 약, 고혈압약, 항불안제, 스테로이드계의 약, 부정맥을 치료하는 약 등 우리 건강과 생명에 지대한 영향을 끼치는 약들이 자몽주스와 같이 먹으면 문제를

• 자세한 내용은 fda.gov/consumers/consumer-updates/grapefruit-juice-and-some-drugs-dont-mix 참고.

일으킵니다.

한편 알레르기 약의 경우 자몽주스는 앞에서 이야기한 약이 너무 세지는 것과 반대의 작용을 합니다. 우리 세포에는 약을 세포 속으로 집어넣어 주는 단백질이 있는데 자몽주스는 이 단백질이 알레르기 약을 세포 속으로 집어넣는 것을 방해해서 약효가 없도록 만들어 버립니다.

어떤 약은 약효가 너무 세지게 만들고 어떤 약은 효과가 하나도 없게 만들고 참으로 수수께끼 같은 자몽주스와 약과의 관계입니다. 그런데 우리가 기억할 것은 간단합니다. 약을 먹을 때는 자몽주스를 함께 마시지 않는다. 쉽죠?

게으른 자를 위한 화학 TIP

아주 특수한 경우가 아니고는 약은 물과 함께 섭취하는 것이 좋습니다. 알레그라 같은 알레르기 약의 경우 자몽주스뿐만 아니라 오렌지주스나 사과주스와 함께 마셔도 약효가 떨어지니까요.

2

누가 옥수수수염차를 조심해야 하는가?

V라인을 위해 옥수수수염차를 드시는 분들도 꽤 많을 것 같습니다. 옥수수수염차는 꽤 강력한 이뇨 작용으로 몸에서 강제로 수분을 빼내어 버리니까 어젯밤에 먹은 라면 때문에 부은 얼굴을 좀 갸름하게 만들 수도 있겠네요. 그런데 옥수수수염차를 조심해야 하는 사람들이 있어요. 그분들은 누구인지, 그리고 왜 그런지 알아봅시다.

옥수수수염차에는 비타민 K가 풍부하게 들어 있습니다. 비타민 K의 중요한 역할 중 하나가 바로 혈액의 응고를 돕는 것입니다. 상처가 났을 때 혈액이 빨리 응고되는 것은 우리에게 도움이 되지만 혈관 속에서 응고가 되어 혈전, 즉 피떡이 생기면 혈관을 막아 버릴 수 있으니 안 좋습니다. 만약 머릿속의 혈관에 혈전이 생겨 피가 통하지 않게 된다면 뇌세포가 산소와 양분을 받을 수 없어 큰 위험에 처할 수도 있겠습니다. 빨리 혈전을 제거하지 않으면 사망에 이

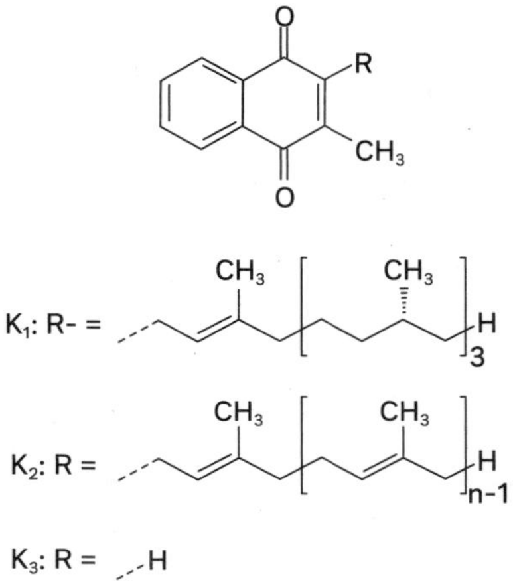

비타민 K1, K2, K3의 구조

를 수도 있고 살아나더라도 중풍이라는 심각한 후유증이 기다릴 수도 있으니까요. 심근경색을 겪어 심장의 기능이 손상을 받으면 몸에서 힘차게 혈액을 돌릴 수가 없습니다. 이런 식으로 혈액의 흐름에 문제가 있으면 혈전이 생길 가능성이 매우 높아집니다. 이런 상황을 미연에 방지하고자 혈액이 응고되지 않도록 도와주는 와파린 warfarin이라는 약을 늘 복용하는 분들이 있어요. 그러므로 와파린과 비타민 K는 완전히 반대의 역할을 하는 것입니다.

앞에서 이야기하였듯이 옥수수수수염차에는 비타민 K가 아주 많이 들어 있습니다. 혈액의 응고를 막기 위해 와파린을 복용하는데 비타민 K를 핏속에 집어넣으면 어떻게 되나요? 와파린의 효능이 확 감소해 버리겠지요? 그러므로 와파린을 복용하고 있거나 어떤 이유든 혈액의 흐름이 원만하지 않은 분들은 옥수수수염차는 조심하는 것이 좋겠습니다. 옥수수수염차를 몇 모금 정도만 마시는 경우야 큰 문제가 되겠어요? 하지만 와파린 복용자가 V라인 얼굴 만들겠다고 옥수수수염차를 하루에 몇 병이나 마신다면 위험해질 수도 있다 이거지요.

한편 옥수수수염차를 마시고 몇 시간 후에 체중계에 올라가면 체중이 조금 줄어 있을 것입니다. 이뇨 작용으로 몸에서 수분이 많이 빠져나갈 테니까요. 하지만 마신 옥수수수염차의 무게보다 더 줄어 있다고 너무 좋아하실 필요는 없습니다. 지방 세포에서 지방이 빠져나가서 체중이 준 것이 아니라 그냥 수분만 빠진 것이니까요.

게으른 자를 위한 화학 TIP

와파린 복용자가 또 조심해야 하는 음식이 있습니다. 케일, 브로콜리, 시금치 등 이파리 채소를 조심해야 합니다. 이런 채소들 또한 비타민 K가 풍부하게 들어 있거든요. 와파린 복용자는 하루에 먹는 이파리 채소의 양을 정해 두고 일정 이상 넘지 않도록 하는 것이 좋겠습니다. 이런 분들은 녹즙을 마시는 것도 당연히 조심해야겠죠?

비타민 K가 많은 음식들

1. 케일	2. 브로콜리	3. 방울다다기양배추	4. 양배추
453% DV (544μg)	183% DV (220μg)	182% DV (219μg)	136% DV (163μg)
5. 오이피클	**6. 아스파라거스**	**7. 키위**	**8. 오크라**
109% DV (130μg)	76% DV (91μg)	60% DV (73μg)	53% DV (64μg)
9. 풋강낭콩	**10. 상추**		
50% DV (60μg)	47% DV (56μg)		

비타민 K 120μg(100%) –
성인 남성 기준 일일 섭취량(daily value, DV)

3

커피와 비타민 C를 같이 먹지 말라는 이유

비타민 C는 물에 아주 잘 녹습니다. 비타민 C 드링크를 마시건 알약을 먹건 간에 우리 몸은 금세 흡수를 할 수 있지요. 여기에서 잠시 생각의 깊이를 더해 봅시다. 우리 몸의 어떤 곳에 비타민 C가 가장 먼저 갈까요? 우리의 장이 영양소를 흡수하면 제일 먼저 그 영양소들이 가는 곳이 바로 혈액입니다. 그러니 비타민 C도 혈액으로 직행하게 되겠지요? 혈액에 가득 찬 영양소들과 비타민 C는 심장이 고동칠 때마다 혈액을 타고 우리의 온몸에 가득 찬 세포 하나하나를 방문하면서 세포의 삶을 유지시켜 주게 되는 것입니다.

자, 그런데 혈액이 우리 몸을 한 바퀴 돌 때마다 마지막으로 거치는 몸의 장기가 있지요. 바로 신장입니다. 신장을 아주 작은 구멍을 가진 체sieve라고 생각해 보세요. 우리 몸에 있는 노폐물들은 혈액으로 녹아들어 가는데 그 노폐물이 신장의 체를 쏙 빠져나가서 방광으로 가게 되고 소변으로 빠져나가게 됩니다. 만약 비타민 C가 혈액에 녹은 채로 세포에 갔는데 한 번에 세포로 흡수가 안 된다면 신장에 들러서 조금은 소변으로 빠져나가고 다시 온몸을 돌게 되고… 이 과정이 계속 반복되겠지요?

소변이 한 방울씩 만들어지는 과정을 상상해 봅시다. 처음에는 비타민 C가 혈액에 녹은 양이 많을 테니 이때 생기는 소변은 진한 비타민 C 소변 한 방울이겠지요? 혈액이 다시 몸을 돌고 와서 만들어지는 소변은 좀 더 묽어진 비타민 C 소변 한 방울. 비타민 C를 몸의 세포들이 모두 흡수하고 난 다음에 생기는 소변 한 방울에는 비타민 C가 없겠지요?

커피를 즐기시는 분들은 다 아십니다. 커피를 마시고 나서 조금 지나면 소변을 보고 싶은 욕구가 생긴다는 것을요. 커피에 들어 있는 카페인은 잘 알려진 이뇨제diuretic라서 그렇지요. 진한 커피를 한잔하고 나면 소변 한 방울이 생기는 속도가 빨라지지 않겠어요? 몸이 비타민 C를 다 흡수하는 데는 시간이 걸리니까 커피를 마시지 않은 경우와 비교해 보면 진한 비타민 C 소변 방울들이 좀 더 많이 생기는 것입니다. 비타민 C 알약을 먹고 나서 커피를 바로 마시면 소변으로 잃어버리는 비타민 C가 어느 정도 있기 때문에 비타민을 먹고 나서 한 시간 정도는 지난 다음에 커피를 마시라는 말을 하는 것이지요. 비타민 C와 카페인이 서로 만나서 무슨 화학 반응을 하고 그러지는 않습니다. 그러나 카페인은 우리 몸에서 비타민이 빨리

나가게 만드는 나쁜 녀석이라서 비타민 C와 같이 먹으면 안 됩니다.

비타민 C뿐만 아니라 물에 잘 녹는 다른 비타민과 미네랄들도 복용과 동시에 또는 직후에 커피를 마시면 소변으로 잃을 확률이 좀 더 높아지겠지요? 물론 다 잃는 것은 아니고 10~20% 정도만 잃는다고 해도 비싼 돈을 주고 산 영양제를 소변으로 잃는다면 아까울 것입니다.

게으른 자를 위한 화학 TIP

비타민 C와 옥수수수염차도 같이 복용하면 안 됩니다. 잘 알려진 바와 같이 옥수수수염차는 놀라운 효과를 지니는 이뇨제입니다.

한편 꽉 막힌 고속도로에 갇혀 있을 때는 아무리 목이 말라도 커피나 옥수수수염차는 피하는 것이 좋겠습니다. 마신 만큼 바로 소변이 만들어져서 방광이 금방 가득 차게 되거든요. 역시 같은 상황에서 커피 한잔, 옥수수수염차 한 모금 번갈아 마시면 어떤 일이 벌어질까요? '정말로 하늘이 노래지는' 경험을 생생하게 할 수 있답니다. ☺

4

항우울제를 먹었는데 편두통이 생긴다면 이것을 의심하라!

세로토닌, 도파민 등은 행복 호르몬이라고 하지요? 이런 분자들의 모양을 유심히 보면 NH_2라는 부분이 보일 것입니다. 이런 것이 붙어 있으면 그 분자를 우리는 아민이라고 부릅니다. 도파민dopamine이라는 이름 자체에 아민amine이 보이지요?

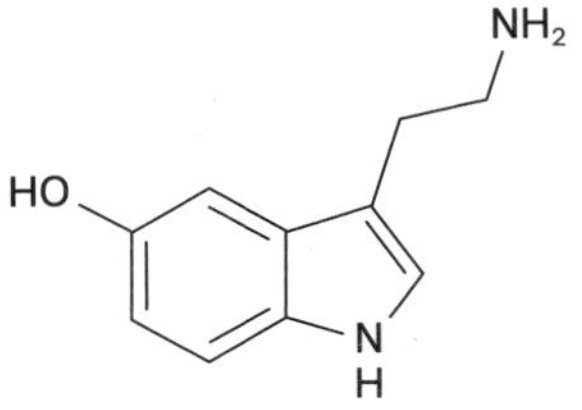

세로토닌 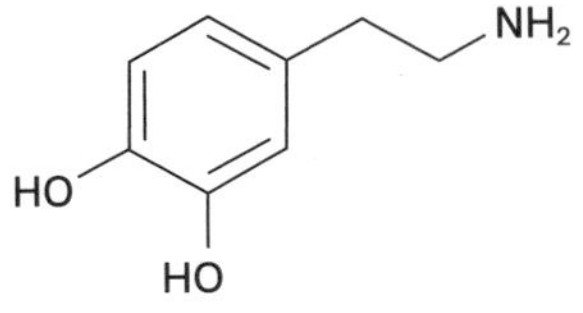 도파민

세로토닌이나 도파민은 뇌에서 분비가 되면 시간이 지나면 분해되어 사라져야 합니다. 세상의 모든 것이 그렇듯 과유불급이기 때문

이지요. 우리 몸속에 이런 분자가 계속 남아 있고 사라지지 않으면 몸은 거기에 익숙해지고 더 많은 세로토닌과 도파민을 갈구하게 될 것입니다. 이러한 분자들을 분해하는 효소가 있어요. MAO, 즉 모노아민 산화효소monoamine oxidase는 세포 안에 있는 미토콘드리아 표면에 붙어 있으면서 세로토닌이나 도파민을 분해합니다.

일반적인 사람들에게는 이러한 효소가 정상적으로 작동을 해야 정신 건강을 유지할 수 있습니다. 그러나 우울증을 겪는 분들은 세로토닌이나 도파민이 필요해요. 이런 세로토닌이나 도파민 분해 효소가 잘 작동하지 않도록 하면 세로토닌이나 도파민의 농도가 높아져서 기분이 나아질 수 있습니다.

그런데 말입니다. 오랫동안 숙성시키거나 훈연한 음식들, 예를 들어 치즈, 페퍼로니, 살라미, 볼로냐 소시지, 베이컨, 훈제 연어, 김치, 절인 오이, 절인 고추, 청국장, 낫토 등에는 티라민tyramine이라는 분자가 아주 많이 들어 있어요. 이 티라민도 아민이라서 MAO 효소에 의해 분해될 수 있지요.

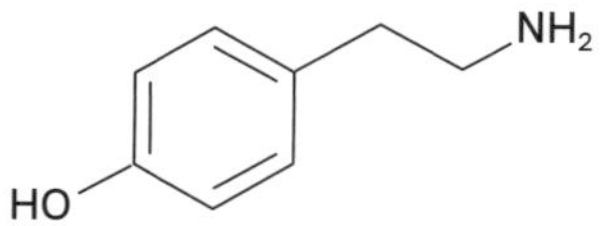

티라민

하지만 일부 항우울제는 MAO 효소를 무력화시켜 버립니다. 항우울제를 먹는 사람은 앞에 언급한 음식들을 먹으면 아주 많은 양의 티라민이 몸에 쌓이게 됩니다. 그런데 이 티라민은 혈관의 벽을 좁혀 버리는 일을 하기 때문에 너무 많은 티라민은 혈관을 아주 좁게 만들게 됩니다. 그러면 어떻게 될까요? 피는 돌려야 하는데 혈관이 좁아져서 잘 돌지를 못하니 심장은 더욱 세게 펌프질을 해야 합니다. 즉 혈압이 어마어마하게 높아지게 되고 아주 괴로운 편두통이 생기게 됩니다. 아주 드물기는 하지만 뇌 속 혈관이 터져서 생명이 위독한 상황도 벌어진다고 하는군요.

청국장, 김치, 치즈, 훈제 연어는 좋은 음식이지만 항우울제와는 상극일 수 있습니다. 아무리 영양가가 풍부한 좋은 음식이라도 상황에 따라서는 독으로 변하는 것이니 자신이 복용하는 약과 맞지 않는 음식은 철저히 배제하는 현명함도 지녀야겠습니다.

게으른 자를 위한 화학 TIP

의사와 약사가 지시하는 대로 약의 복용법을 철저히 지키면 문제가 없겠지요? 약통 바깥에 같이 먹으면 안 되는 음식의 이름을 써 두는 것도 좋겠습니다.

5

칼슘 보충제를 먹었는데 뼈가 약해진다면?

갑상선은 우리 몸에서 참 중요한 역할을 합니다. 체온도 조절하게 해 주고 핏속의 칼슘 농도 조절, 더 나아가 뼈의 건강에도 관여를 하지요. 이 갑상선의 기능이 저하가 된 분들이나 갑상선에 암이 생겨 갑상선을 잘라 내어 버린 분들은 갑상선 호르몬을 병원에서 처방받아서 매일 일정량 섭취해야 몸이 정상적인 기능을 할 수 있습니다. 갑상선에서는 칼시토닌calcitonin이라는 호르몬도 분비되는데 이 호르몬은 뼈가 녹는 것을 막아 줍니다. 갑상선의 기능이 저하된 경우 이 호르몬이 분비가 잘 안되니 뼈에서 칼슘이 녹아 나오는 것을 잘 막을 수 없고 따라서 뼈의 밀도가 낮아지고, 심한 경우 골다공증이 생겨서 뼈가 쉽게 부러질 수도 있게 되지요. 갑상선 기능 저하증을 가진 사람들에게는 뼈가 약해지는 것이 숙명인 셈입니다.

뼈의 건강이라고 하면 무엇이 떠오르세요? 그렇죠. 칼슘이지요.

뼈가 약해진 사람들은 당연히 칼슘 보충제나 칼슘이 많이 함유된 우유, 치즈, 멸치 같은 음식을 떠올리게 될 것입니다. 우리는 약을 먹든지 청소를 하든지 간에 한 번에 모든 것을 해 버리려는 경향이 있습니다. 갑상선 기능 저하증을 겪어서 갑상선 호르몬을 매일 아침 먹어야 하는 분들의 경우도 마찬가지로 '아, 귀찮은데 갑상선 호르몬과 칼슘 보충제를 같이 먹어 버리자'라고 생각하는 분들이 꽤 있을 것입니다.

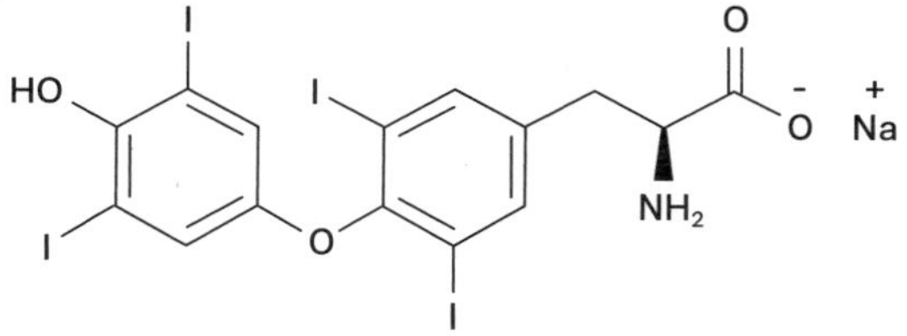

레보티록신 나트륨(levothyroxine sodium).
갑상선 기능 저하증 치료제로 사용되는 합성 갑상선 호르몬

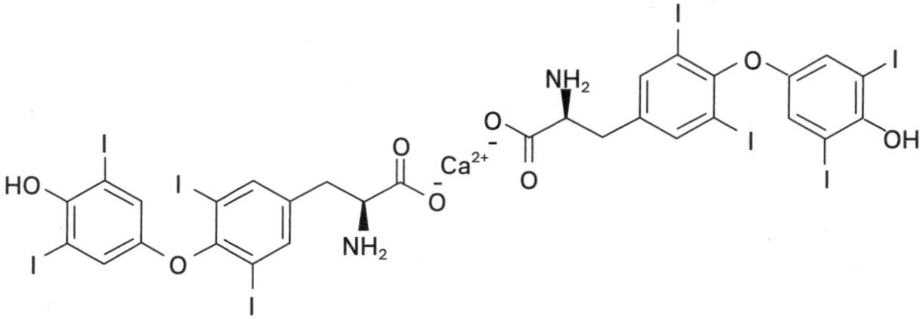

갑상선 호르몬과 칼슘 양이온이 만나는 모습.
마치 유기산 2개가 Ca^{2+}와 형성하는 염(salt)과 같은 구조

그런데 큰 문제가 하나 있어요. 갑상선 호르몬은 칼슘 양이온과 만나면 녹지 않고 우리 몸에 흡수가 되지 않는 물질로 변해 버립니다. 샤워실 유리를 보면 하얗게 낀, 잘 녹지 않는 비누때가 있지요?

그와 같은 물질이 갑상선 호르몬과 칼슘이 만나면 만들어집니다. 의사 선생님이 환자의 상태에 맞게 갑상선 호르몬의 양을 딱 맞추어 두었는데 환자가 임의로 칼슘과 같이 복용해 버리면 그만 정량보다 훨씬 적게 먹게 되는 것입니다.

뼈 건강을 위해서 먹은 칼슘 보충제나 우유 때문에 갑상선 호르몬이 제 역할을 못해서 피부는 푸석푸석하고 몸은 붓고 에너지는 하나도 없는 상태가 되어 버리는 것이지요.

게으른 자를 위한 화학 TIP

갑상선 호르몬은 아침 공복에 복용하고 칼슘이 든 음식이나 칼슘 보충제는 적어도 식사를 마치고 두어 시간 후에 먹는 것이 적절하다고 합니다.

한편 갑상선과 부갑상선에서 나오는 칼시토닌과 부갑상선 호르몬(PTH)은 서로 반대의 역할을 합니다. 핏속에 칼슘의 농도가 너무 높으면 칼시토닌이 뼈에서 칼슘이 녹아 나오는 것을 막는 동시에 소변으로 칼슘이 빠져나가게 하여 핏속 칼슘 농도를 낮춥니다. 핏속의 칼슘 농도가 너무 낮으면 부갑상선 호르몬이 뼈를 녹여 칼슘을 빼내고 소변으로 칼슘이 빠져나가지 못하게 하지요. 우리 몸은 이러한 미묘한 호르몬들의 균형에 의지하여 건강을 유지하고 있지요.

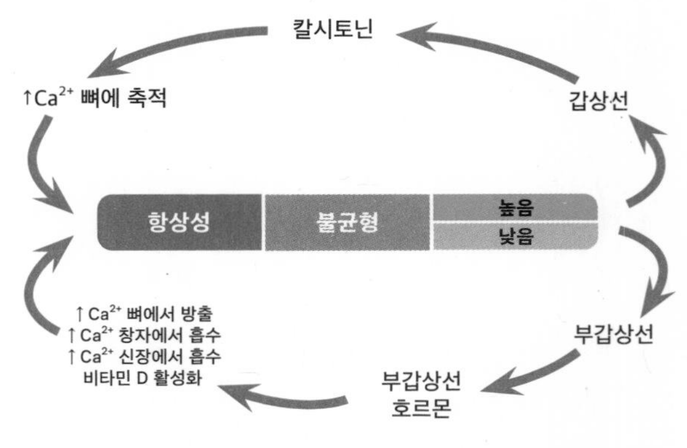

6

골다공증 치료제와 우유의 조합은?

뼈는 수산화인회석이라는 광물의 결정과 유기물인 콜라겐 단백질 섬유가 합쳐진 혼성체입니다. 수산화인회석은 $Ca_{10}(PO_4)_6(OH)_2$의 조성을 가지고 있는데 칼슘 양이온이 들어 있다는 것이 보일 것입니다.

우리의 뼈에 있는 이 수산화인회석은 한번 만들어지면 영원히 그대로 있는 것이 아니라 녹기도 하고 새로 생기기도 하지요. 만약 혈액 속에 칼슘이 너무 부족하면 뼈가 녹기도 하고, 핏속의 칼슘이 인산 음이온과 합쳐져서 다시 결정이 만들어지기도 한다는 뜻입니다. 뼈를 녹일 때 우리 몸에 있는 파골세포osteoclast가 뼈에 들러붙는 과정이 꼭 필요한데 만약 이 파골세포가 뼈에 달라붙지 못한다면 뼈가 녹는 것이 많이 느려질 수 있겠습니다.

골다공증을 가진 분들은 뼈가 더 녹아 나가면 안 되겠지요? 뼈에 구멍이 숭숭 뚫리다 보면 어느 순간 조그만 충격에도 쉽게 부러지는 뼈가 되어 버리기 때문이지요. 이런 분들을 위해서 개발된 골다공증 치료제 중에는 다음과 같이 인산기가 달려 있는 구조를 가진 화합물들이 있습니다.

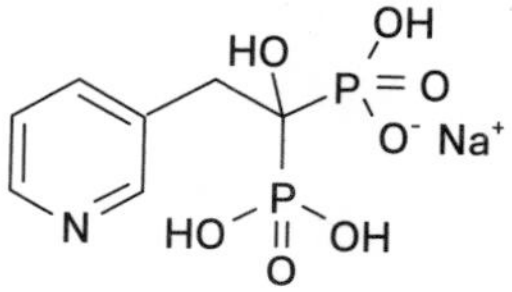

리세드론산
(risedronate)

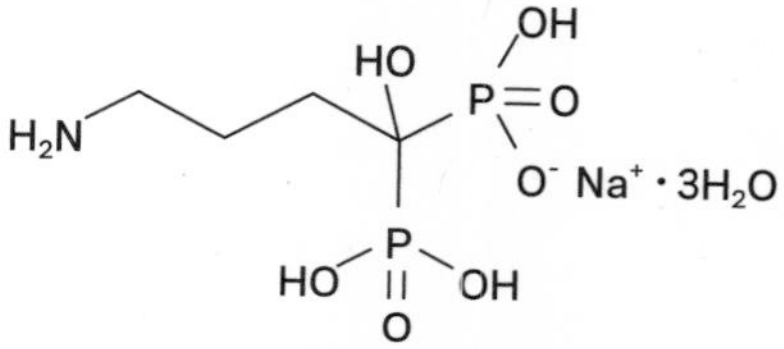

알렌드론산
(alendronate)

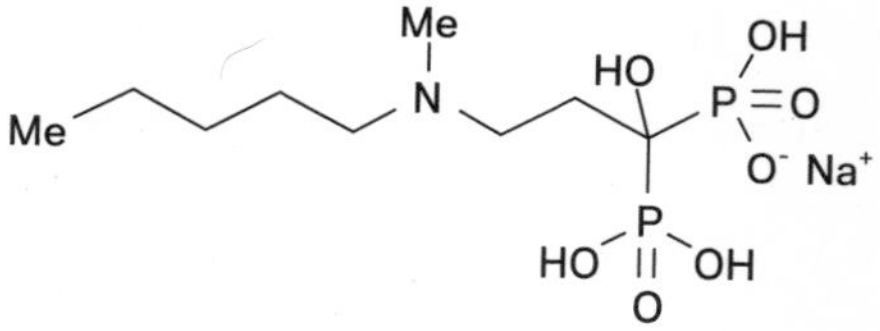

이반드론산
(ibandronate)

골다공증 치료를 위해 사용되는 화합물들

이런 약들은 분자에 있는 질소 원자와 인산기를 이용하여 뼈의 표면을 코팅을 합니다. 파골세포가 뼈를 녹여 내기 위해서는 뼈 표면에 달라붙어야 하는데 이미 골다공증 치료제들이 코팅을 해 버렸기 때문에 붙을 수가 없어요. 마치 클라이밍을 하는데 벽에 박힌 돌에 기름칠을 해 버리면 돌을 붙잡을 수가 없어서 벽에 붙어 있을 수가 없듯이 말이지요.

실은 골다공증 치료제들이 붙잡고 있는 것은 뼈 표면의 칼슘 이온들입니다. 그런데 만약 골다공증 치료제를 복용할 때 칼슘을 가지고 있는 우유라든지 칼슘 보충제를 같이 먹으면 어떤 일이 벌어질까요? 골다공증 치료제들이 뼈까지 가기도 전에 우유에 있는 칼슘과 칼슘 보충제 안에 있는 칼슘에 다 달라붙어 버리겠지요? 그렇게 되면 골다공증 치료 효과가 아주 크게 저해가 되겠지요?

골다공증이라 칼슘 보충을 해 주겠다고 골다공증 약과 칼슘을 같이 먹게 되면 전혀 원하지 않았던 결과를 손에 쥐게 되는 거죠. 좋은 것이라고 아무거나 막 섞어서 먹으면 안 된다는 교훈을 또 배우게 됩니다.

게으른 자를 위한 화학 TIP

골다공증 치료제의 경우 질소 원자도 인산기도 칼슘에 달라붙을 수 있습니다. 이번 글에 언급된 치료제들은 마치 손이 3개 있는 것과 같아요. 3개의 손으로 뼈 위를 덮으니 얼마나 잘 덮겠습니까? 이렇게 여러 개의 손을 이용하여 금속 이온에 결합하는 분자를 킬레이트(chelate)라고 부릅니다.

7

항생제를 우유와 함께 먹으면?

‘약 먹으면 속 쓰리게 될 텐데. 우유하고 같이 먹으면 되겠지?’ 수많은 사람들이 이렇게 생각을 합니다. 손에 든 우유 한 컵 지금 당장 내려놓으시길 바랍니다.

몸 안에 세균이 창궐하면 우리 몸은 아프지요. 열도 심하게 나고 두드려 맞은 것처럼 몸의 곳곳이 아픕니다. 우리 몸 스스로 세균을 이길 수 있는 면역을 가지고 있는 경우도 있지만 때로는 항생제의 도움을 받아야만 살아날 때도 있습니다. 그러므로 항생제를 드실 때는 세균을 죽이는 것이 더 중요한지 속이 쓰린 것이 더 중요한지를 잘 생각해 보셔야 할 것입니다.

항생제는 우리 몸 안에 들어와서 세포 곳곳을 방문하며 세균을 죽입니다. 항생제는 우리를 지켜 주는 군인이라고 생각하시면 될 것 같군요. 의사가 처방을 할 때는 일정 시간 동안 항생제의 농도가 충분히 높도록 약의 정량을 환자의 체중을 고려하여 정하지요. 그런데 만약 환자가 의사가 하라는 대로 하지 않고 임의로 약을 반으로 잘라서 먹는다면 세균을 죽일 군인을 반으로 줄이는 것과 같고 당연히 세균은 잘 죽지 않고 몸은 계속 아플 확률이 높아질 것입니다.

그런데 처방전대로 정량을 제시간에 먹었는데도 항생제가 잘 듣지 않을 수가 있습니다. 세균의 종류가 잘 맞지 않아서 그럴 수도 있지만 환자가 약의 양을 반으로 줄이는 행위를 하기 때문일 수도 있지요. 물 대신 우유로 약을 삼킨다든지, 빈혈약을 같이 먹는다든지, 칼슘 보충제를 같이 먹는다든지, 제산제를 같이 복용한다든지 하는 행위 말입니다. 우유에는 카세인 단백질이 칼슘을 붙잡고 있습니다. 우유에는 칼슘이, 빈혈약에는 철이, 제산제에는 마그네슘이나 알루미늄이 들어 있는데 이런 금속 이온들은 어떤 항생제들을 만나면 그만 그 항생제를 꽉 붙들고 항생제가 몸에서 쓰이지 못하게 만들어 버립니다. 샤워실에 낀 비누때를 생각해 보세요. 그런 식으로 항생제를 녹지 않게 만들어 버리니까 그만 실질적인 항생제 양은 절반으로 뚝 줄어 버리게 되는 것이죠.

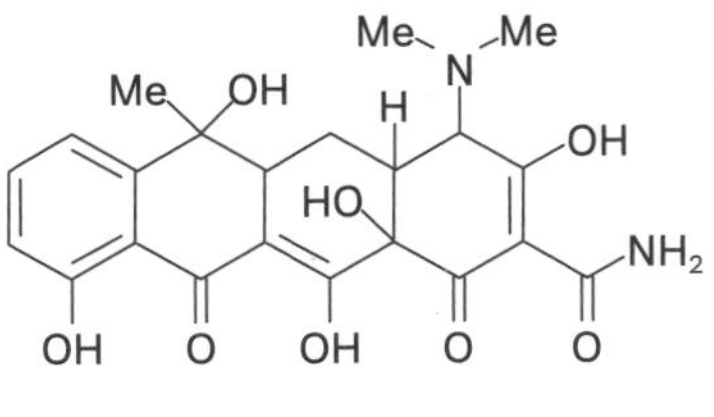

테트라사이클린

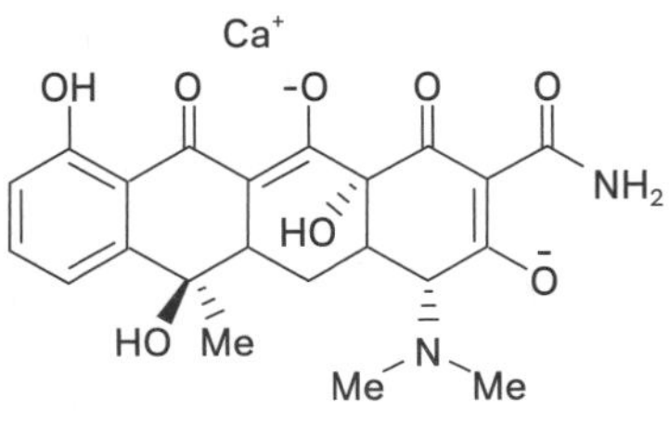

테트라사이클린의 칼슘 복합체

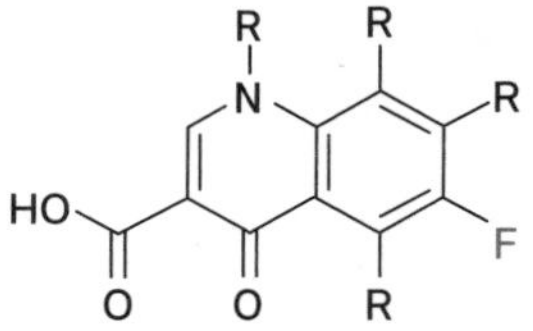

플루오로퀴놀론 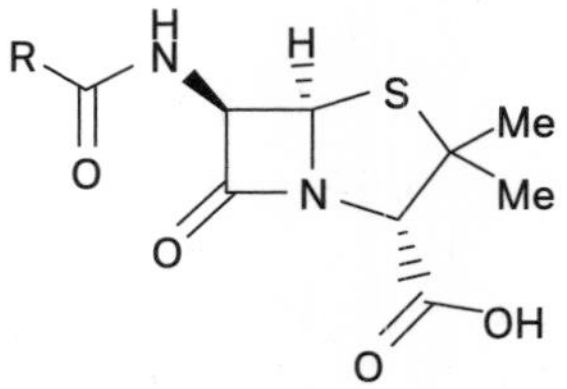　　　　페니실린

테트라사이클린tetracycline이나 플루오로퀴놀론fluoroquinolone 계열의 항생제들은 이런 금속 이온들을 만나면 금세 무력화되어 버리니까 절대로 우유와 같이 복용하면 안 됩니다. 한편 페니실린 penicillin 계열의 항생제는 금속을 만나도 침전이 안 생겨요. 침전이 생길지 안 생길지는 항생제 분자의 모양하고 밀접한 관계가 있어요. 사람도 생긴 대로 놀듯이 항생제도 생긴 대로 노는 거죠, 뭐.

하지만 우리가 언제 지금 복용하는 항생제가 무슨 계열인지 따지면서 먹나요? 그러니 가장 안전한 방법은 그냥 물과 같이 복용하는 것입니다. 우유나 보충제는 적어도 두어 시간은 띄워서 섭취하고요. 무엇이 중한지 반드시 따지세요. 세균을 죽이는 것이 더 중요한지 지금 속 쓰림이나 칼슘 보충에 대처하는 것이 더 중요한지 말입니다.

게으른 자를 위한 화학 TIP

안전하게 약을 복용하는 방법은 그냥 물과 같이 섭취하는 것입니다. 항생제를 복용할 때는 우유 잔을 내려놓으세요. 반드시!

8

철분 보충제와 같이 먹으면 안 되는 것들

빈혈 증상 때문에 철분 보충제를 섭취하여야 하는 분들이 있습니다. 철분이 부족하면 늘 피곤하고, 피부는 푸석푸석하고, 숨이 차고, 집중도 안 되고, 두통이 생길 수도 있지요. 철분 보충제 복용 시 같이 먹으면 안 되는 것들이 있는데 그것이 무엇인지, 왜 안 되는지 알아봅시다.

먹는 형태로 시판되는 철분 보충제는 물에 녹아요. 그리고 그 속에 들어 있는 철의 이온도 물에 녹는 형태여야 우리 몸에 흡수가 잘 되겠지요? 만약 이 철 성분이 물에 녹지 못하는 형태로 바뀌어 버린다면 우리의 장기에서 흡수되지 못하고 그냥 변으로 빠져나가 버릴 것입니다. 그러니 철분 보충제의 효과를 제대로 보려면 철 성분이 물에 녹지 않고 침전이 되어 버리는(즉 가라앉아 버리는) 상황이 벌어지지 않도록 해야 하지 않겠어요?

그러면 언제 철 성분이 몸에 흡수될 수 없는 형태로 바뀔까요?

1. 다음 표는 용액의 산성도와 그 산성도에서 안정한 철의 상태를 보여 줍니다. 원으로 표시된 부분을 보세요. 중성이나 약한 알칼리성에서 철의 안정한 상태는 산화철 Fe_2O_3입니다. 붉은색의 철의 녹이 바로 그것입니다. 만약 위액의 상태가 중성이나 약한 염기성이 되면 철분 보충제가 철의 녹 가루로 변하게 되는 것이지요. 녹 가루가 되어 버린 철은 더 이상 우리 몸에 흡수되지 못하고 변으로 빠져나가 버립니다.

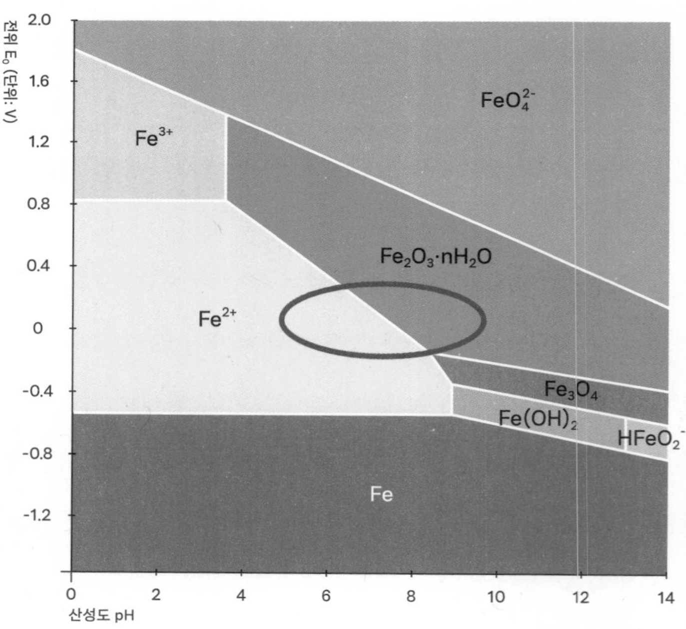

그러면 언제 위액이 중성이나 염기성으로 변하나요? 위액은 위산 때문에 산성인 것으로 알고 있는데 말입니다. 바로 위산 역류 등으로 속이 쓰려서 제산제를 먹을 때 그렇게 변해요. 제산제는 염기성 물질로 위산과 반응하여 위액을 중화시켜 주거든요. 그러니 철분 보충제와 제산제를 같이 먹으면 철분은 우리 몸에 흡수되지 못하고 그냥 변이 되어 빠져나갑니다. 아시겠지요? 철분 보충제와 제산제의 조합은 No!

2. 칼슘 보충제는 $CaCO_3$의 형태로 판매가 되지요. 이 석회석 성분은 조개껍데기, 달걀 껍데기 등에서 얻을 수 있습니다. 이러한 석회석 성분은 위로 가서 녹으면서 Ca^{2+}와 CO_3^{2-}로 바뀌고 이 중 CO_3^{2-}는 2개의 H^+를 만나서 탄산(H_2CO_3)이 되고 이 탄산은 결국 물과 이산화탄소가 되어 버립니다. Ca^{2+}는 계속 녹아 있다가 몸에 흡수가 되지요. 그런데 잘 보면 칼슘 보충제는 H^+를 제거하는 효과가 있다는 것을 알 수 있어요. 즉 위산과 반응하여 위산을 중화시킨다는 것을 알 수 있습니다. 그러면 철분 보충제는 더 이상 녹아 있지 못하고 침전으로 떨어져 버리니까 몸에 흡수될 수 없지요. 그러므로 칼슘 보충제와 철분 보충제를 같이 먹는 것도 No!

3. 통곡물에는 피트산phytic acid; phytate이라는 물질이 들어 있는데 이 물질은 철 양이온을 강하게 붙잡아서 우리 몸이 흡수하지 못하게 합니다. 식물의 섬유질도 철 이온을 흡착해서 변

으로 끌고 가 버립니다. 그러니 철분 보충제와 밥을(채소, 과일 등 포함) 같이 먹는 것은 No!

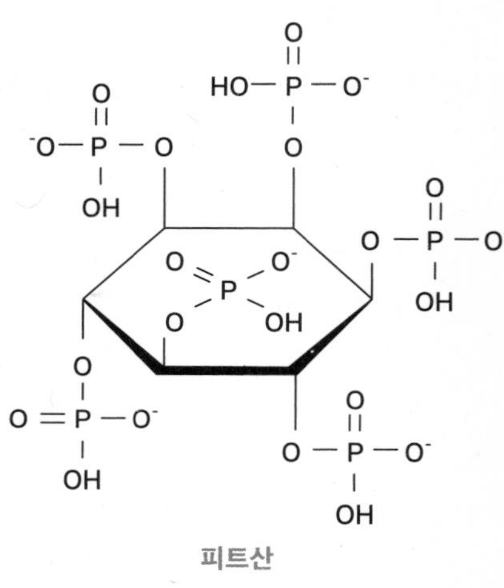

피트산

4. 마지막으로 폴리페놀polyphenol이라는 물질도 철의 양이온을 둘러싸면서 우리 몸이 흡수하지 못하게 합니다. 탄닌tannin도 폴리페놀의 일종이지요. 커피, 차, 와인 등 쓴맛이 나는 음료에는 폴리페놀이 있습니다. 철분 보충제와 같이 먹으면 안 되는 것들이지요. 그러므로 커피, 차, 와인은 철분 보충제와 상극!

'아니, 밥도 과일도 채소도 차도 칼슘 보충제도 제산제도 철분 보충제와 같이 못 먹는다고? 대체 어쩌라는 거야?'라는 분이 있으실지도 모르겠네요. 그냥 물하고 같이 공복에 먹으면 되잖아요. 철분이 부족한 분이 철분 보충제를 제대로 흡수 못 하면 빈혈과 피부가 더 나빠지는 것 아시지요? 그런 분들은 철분 보충제 드실 때 다른 것 같이 먹지 말고 식간에만 드세요.

아! 비타민 C는 같이 먹으면 좋아요. 철분 흡수를 외려 도와주니까 말입니다. 다른 영양제들과는 시간을 뚝 띄워서 드시는 것으로. OK?

게으른 자를 위한 화학 TIP

철분 부족한 사람은 커피, 차 이런 거 아예 못 마신다고 이야기하는 것이 아닙니다. 철분 보충제 먹을 때 같이 마시지 말라는 것이지 시간 차이를 두고 마시면 아무 문제 없어요. 기억합시다. '철분 보충제는 다른 영양제와 같이 먹지 말고 물 또는 오렌지주스와 함께 식간에 먹는다!'

9

부정맥 치료제 디곡신을 방해하는 의외의 건강 음식

부정맥(특히 심방세동)과 심부전을 치료하기 위해 복용하는 디곡신digoxin은 아주 오랜 기간 동안 사용되어 오며 안전성을 인정받은 약물입니다. 가격도 높지 않기 때문에 세계보건기구WHO의 필수 의약품 목록에 등재되어 있는, 수많은 사람을 살리는 약이지요.

우리 몸의 건강을 잃게 되면 제일 먼저 '내가 뭘 잘못 먹고 있나? 앞으로 건강식을 먹고 운동을 많이 해야지'라는 생각을 하게 됩니다. 섬유질이 풍부한 통곡물이나 채소를 잘 먹어야겠다는 다짐을 하고 식단을 그에 맞추어 바꾸기도 합니다. 이러한 음식이 몸에 나쁠 리가 있겠어요? 당연히 좋은 태도입니다. 하지만 디곡신을 복용하고 바로 이런 음식을 먹는다든지 섬유질이 풍부한 음식을 먹고 디곡신을 복용하면 약효가 뚝 떨어져 버립니다. 디곡신이 음식의 섬유질에 갇혀서 나오지 못할 수가 있기 때문이지요.

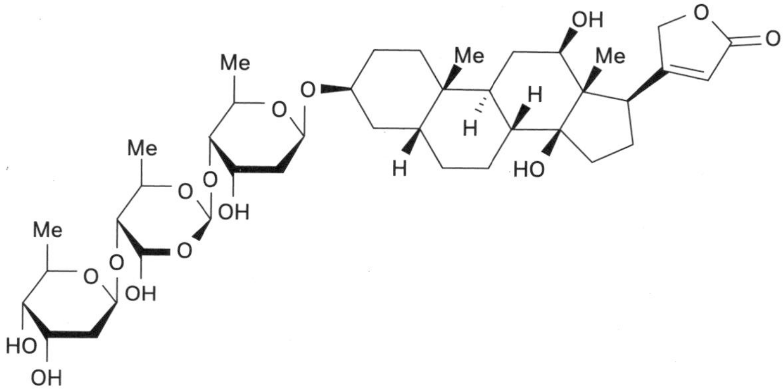

디곡신

디곡신의 화학적 구조는 위와 같아요. 왼쪽에 육각형들이 보이고 -OH가 여러 개 붙어 있는 것이 보이시지요? 그런데 이런 -OH는 섬유질을 이루는 셀룰로오스에도 아주 많이 붙어 있답니다. 이런 -OH를 많이 가지는 분자들은 서로 수소 결합이라는 것을 하면서 잘 달라붙게 되지요. 디곡신은 셀룰로오스와 서로 좋아하여 강하게 달라붙어 있는데 섬유질 셀룰로오스는 물에 녹지를 않지요. 그러니 셀룰로오스와 같이 있는 만큼의 디곡신은 우리 몸이 흡수를 못 하게 되는 것입니다. 그러면 약효는 당연히 떨어지게 되는 것이지요. 디곡신과 셀룰로오스가 서로를 껴안고 '우릴 그냥 사랑하게 내버려둬'라고 하는 꼴을 보기가 싫다면 둘을 서로 만나지 못하게 하면 되겠지요? 섭취하는 시간에 차이를 두면 되는 것이니 방법은 간단합니다.

아무리 몸에 좋은 것이라고 해도 한 번에 몰아서 먹는 것은 건강에 도움이 안 된다는 것을 또 한 번 배우게 되었습니다.

게으른 자를 위한 화학 TIP

식이섬유가 풍부한 통곡물과 채소는 디곡신을 복용하고 나서 적어도 두어 시간은 기다린 다음에 먹으라고 약학정보원에서 가이드라인을 제시하였습니다. 디곡신은 섬유질 음식 이외에도 조심해야 하는 것들이 많이 있어요. 아무리 오랜 기간 관찰을 통해 약물의 안전성이 검증되었다고 하여도 제대로 된 용법/용량을 지키지 않으면 약의 효과를 제대로 볼 수 없게 되는 것입니다.

10

알코올,
만악의 시작

○
●
●

요즘은 음주 운전에 대해 많이 엄격해지고 있기는 하지만 술에 취해서 하는 여러 옳지 못한 행위를 변호할 때 늘 쓰는 말이 '심신 미약 상태에서 저지른 일이니 선처해 달라'는 것입니다. 무슨 전가의 보도도 아니고 심신 미약이면 다 통하는 이상한 세상입니다.

약을 먹을 때 조심해야 하는 것들이 많이 있지만 알코올은 특히 더 그러합니다. 진통제 타이레놀, 당뇨 치료를 위한 인슐린은 술과 절대 겹치면 안 되지요. 마찬가지로 진정제나 각성제와 같은 사람의 뇌 속에서 일어나는 일에 영향을 끼치는 약들과 알코올의 조합은 정말 최악이지요.

최근 ADHD 진단을 받고 약물을 처방받는 사례가 많이 늘었습니다. 어린이도 성인도 ADHD 환자가 늘고 있습니다. 실제로 문제가 있어서 그러한 경우도 있지만, 아이들이 공부에 집중하는

데 도움이 된다고 문제가 없는데도 오남용을 하는 경우도 있지요. ADHD는 뇌의 특정 부위의 신경 전달 물질이 결핍되었을 때 생기는 증상이라서 ADHD 약물은 뇌에서 이런 신경 전달 물질을 생성하도록 도와주는 역할을 합니다.

술이 우리의 뇌를 아주 혼란스럽게 합니다. 뇌에 가서 뇌의 정상적인 활동을 방해하는 것이 알코올이니까요. 그런데 ADHD 약을 먹고 동시에 술을 마시면 이런 생각이 들 수 있어요. '어? 약이 잘 안 듣네? 몇 알 더 먹을까?' '술이 잘 안 취하네. 신난다. 오늘 한번 죽을 때까지 달려 보는 거야.' 그러면서 정상적인 사고를 할 때는 절대 하지 않을 행동, 즉 약을 여러 알을 계속 복용한다든지 술을 정말 많이 마신다든지 하는 행동을 할 수 있습니다. 그래서 드물기는 하지만 약의 과다 복용이나 지나친 양의 알코올 섭취로 인해 사망 사고가 일어납니다. 진정제와 술의 조합도 마찬가지로 위험합니다. 급격히 어지러워지고, 넘어질 수도 있으며, 괄약근이 느슨하게 되어 대소변을 볼 수도 있고, 심지어 사망에 이를 수도 있다고 합니다.

술과 약은 최악의 조합

사람의 뇌의 작용에 영향을 주는 약물과 뇌를 혼란스럽게 하는 알코올이 만났으니 두 나쁜 친구가 모여서 뇌를 아주 헤집어 놓는 셈입니다. 진정제, 각성제, 촉진제 등과 같은 약물과 알코올이 만나면 사람을 정말로 '심신 미약' 상태로 만들어 버리고 운이 나쁘면 염라대왕을 만나게 합니다. 정말 알코올은 만악의 근원이라고 할 수 있겠네요.

게으른 자를 위한 화학 TIP

이러한 약물의 가장 큰 문제는 쉽게 손에 넣을 수 있다는 것입니다. 가족 내의 다른 사람이 처방받은 약에 손댈 수도 있고 집에 술을 보관하는 경우도 많으므로 청소년들도 마음만 먹으면 얼마든지 혹은 호기심에 약과 술에 손을 댈 수 있지요. 그러므로 가정 내에서 약이나 술을 너무 가볍게 다루지 않는 분위기를 만드는 것이 좋겠습니다. 아이들은 가정에서 배운 대로 어른이 되어서 행동을 하는 경우가 많으니까 말입니다. 특히 공부에 집중하라고 ADHD 처방을 받고 자란 아이는 ADHD 약물에 대해 아무런 경각심을 가지지 않을 확률이 높겠죠?

11

타이레놀과 술은 좋은 친구인가?

몸의 통증이나 두통, 그리고 열이 있을 때 손을 뻗게 되는 타이레놀은 코로나 백신을 맞고 열이 날 때도 우리 곁에 있었던 고마운 약입니다. 약국뿐만 아니라 편의점에서도 누구나 살 수 있는 효능과 안전성이 뛰어난 약이지요. 이렇게 좋은 약임에도 불구하고 하루에 복용할 수 있는 양은 제한이 되어 있습니다. 경우에 따라 위에서 출혈을 일으키기도 하고 지나치게 많은 양을 복용하거나 오랜 기간 동안 먹으면 간 건강에 심각한 위협이 되기도 하거든요.

술은 어떠한가요? 우리나라는 성인이기만 하면 술을 양 제한 없이 살 수도 있고 얼마든지 많이 마실 수 있습니다. 하지만 알코올은 간 건강에 치명적이라는 것을, 그리고 심한 경우 간경화와 간암을 불러올 수 있다는 것을 모두가 알기에 대부분의 사람들은 술을 절제하며 마실 줄 압니다. 하지만 여기에 숨은 함정이 있습니다. 아무리 절제하면서 술을 마신다고 해도 알코올이 몸에 들어가면 간에 해로운 영향을 끼치니까요.

타이레놀이나 알코올이나 우리 몸에는 없었던 외부에서 유입된 물질입니다. 우리 몸에 없었던 것이므로 간은 간에 있는 효소를 이용하여 열심히 일을 하며 이런 화합물들을 분해합니다. 분해해서 몸 밖으로 배출하려는 것이지요. 그런데 이런 화합물이 분해되다 보면 우리 세포에 치명적인 독으로 작용하는 대사산물도 만들어 낼 수 있어요. 세포에 독이 되니 이런 물질이 많이 생기면 세포는 그만 죽고 말겠지요?

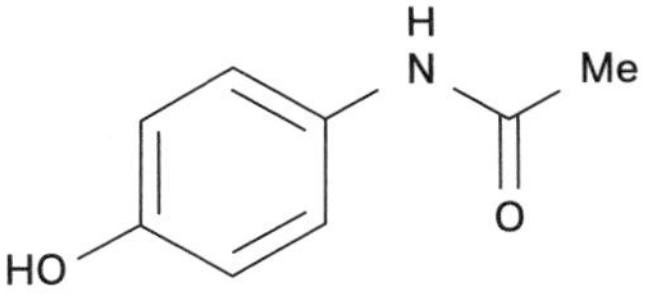

타이레놀

타이레놀을 먹을 때도, 술을 마실 때도 모두 세포에 독이 되는 물질이 생깁니다. 그런데 만약 술을 많이 마시고 난 다음 날 머리가 아파서 타이레놀을 먹으면 어떤 일이 생길까요? 우리 몸에 알코올이 많이 들어오면 그것을 분해하기 위해 분해 효소를 많이 만들겠지요? 이제 분해 효소가 많아진 상황에서 타이레놀이 몸에 들어가면 타이레놀이 아주 빨리 분해되지 않겠어요? 그러면 세포에 독이 되는 대사산물도 갑자기 많이 생겨서 독의 농도가 확 올라가 버리는 것입니다. 결과적으로 우리 간의 세포가 감당할 수 없을 만큼의 독소가 생겨서 간의 세포들이 그만 죽고 마는 것이지요.

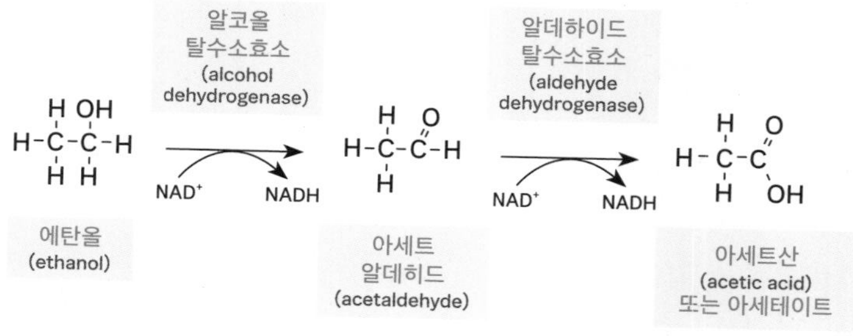

알코올 대사 과정

반대의 상황도 마찬가지입니다. 평소에 타이레놀을 달고 사는 사람은 간에 분해 효소의 농도가 높아져 있고 간의 건강 상태도 좋지 않아요. 이런 사람이 술을 마시면 역시 술에 들어 있는 알코올의 분해가 급격히 이루어지면서 세포를 죽이는 독성 물질이 갑자기 많이 생깁니다. 결국 간세포는 또다시 큰 타격을 받고 마는 거죠.

술과 타이레놀은 같이 하면 안 되는 친구들이니까 반드시 따로 격리를 시켜야 합니다.

게으른 자를 위한 화학 TIP

타이레놀뿐만 아니라 많은 약들은 간 건강에 좋지 않을 수 있습니다. 그러므로 약과 술은 같이 하지 않는 것이 가장 현명한 선택입니다.

12

인슐린과 술은 어떤 사이인가?

타이레놀과 술은 만나면 더 나쁜 짓을 하는 친구들입니다. 그러면 인슐린과 술은 어떨까요?

인슐린은 혈액에 있는 당을 세포로 보내는 일을 합니다. 당뇨병 환자는 혈액에 너무 많은 당이 있는 게 문제예요. 그래서 인슐린 주사를 맞아서 혈액의 당을 너무 높지 않은 농도로 유지되게 하지요. 그런데 인슐린 주사를 맞은 당뇨 환자가 술을 마시면 어떤 일이 일어날까요?

우리의 간이 평소에 하는 일 중 하나가 혈액에 당이 너무 많이 있는 경우 당 분자를 혈액에서 빼내서 간에 글리코겐으로 저장하는 것입니다. 이제 밥을 오랫동안 먹지 않든지 하여 혈액에 당이 너무 적어지면 이 글리코겐을 다시 당 분자로 바꾸어 혈액으로 보내고 이 당 분자들은 세포 곳곳으로 가서 에너지로 사용되지요.

술 자체에는 당이 거의 없습니다. 당뇨 환자가 술을 마신다고 하더라도 당 분자가 혈액으로 들어오는 것은 아니지요. 그런데 인슐린은 이미 자신의 할 일을 했죠. 당 분자들을 혈액에서 싹 거둬들였거든요. 이때 알코올이 몸에 들어오면 간은 비상사태가 벌어졌다고 생각하고 온 힘을 다해서 알코올을 분해합니다. 빨리 몸에서 빼내 버리려고 최선을 다하지요. 그런데 간은 한 번에 여러 가지를 하지는 못해요. 알코올을 분해하는 동안은, 자기가 혈당 수치를 체크하고 혈당이 떨어지면 글리코겐을 당으로 바꾸어서 보내야 한다는 것을 까먹지요. 그 결과 혈액에는 당이 너무 없는 저혈당 상태가 되고 맙니다.

문제는 저혈당 상태가 되면 생기는 다양한 증상들, 예를 들어 말이 어눌해지고, 잠이 오고, 주변에서 무슨 일이 벌어지는지 잘 알아채지 못하고, 잘 못 걷게 되는 것들이 술에 취해서 생기는 증상과 전혀 구분이 되지 않는다는 것입니다. 저혈당 쇼크가 지속되면 심한 경우 의식을 잃을 수도 있는데 이것은 술에 취해 잠을 자는 것과 역시 전혀 구분이 되지 않지요. 운이 나쁘면 코마에 빠져 버릴 수도 있고요.•

'그러면 당이 들어간 술을 먹으면 되지 않을까?'라고 생각할 수도 있겠네요. 하지만 술에 들어간 당은 몸이 너무나 빨리 흡수해 버

• 자세한 내용은 diabetes.org/health-wellness/alcohol-and-diabetes 참고.

리기 때문에 인슐린과 알코올이 야기하는 저혈당 상태를 피할 수는 없습니다.

아~ 역시 술은 가까이하면 여러모로 문제가 생기는 친구입니다. 인슐린도 예외가 아니었군요. 술과 같이 있어도 인슐린은 제 할 일을 했지만 저혈당을 야기했다는 혐의를 덮어쓰게 생겼습니다. 약들은 술을 멀리하는 것이 답인가 보네요.

게으른 자를 위한 화학 TIP

당이 없어도 술에는 칼로리가 있지요. 술을 마시다 보면 이것저것 많이 먹기도 하고 제정신일 때는 하지 않을 행동도 하게 됩니다. 술은 우리의 몸과 마음에 해를 끼칠 수 있는 위험한 존재임을 잊지 말아야겠습니다.

게으른 자가 건강해지는
독 탈출 Q&A

Q. 골다공증 치료약은 물보다는 칼슘 많은 우유랑 먹는 게 더 효과가 좋을 것 같아요.

A. 수학에서는 1 더하기 1은 2지. 하지만 슬프게도 약 더하기 음식은 0이 되는 경우가 있어. 이게 바로 그 경우야. 우유가 골다공증 약효를 없애 버리거든. 약은 그냥 물하고 먹는 것이 제일 좋아.

Q. 심장 수술을 하고 나서부터 와파린을 복용 중입니다. 앞으로는 건강에 좋은 푸른 채소를 많이 챙겨 먹어 볼까 하는데요.

A. 이게 또 그래. 좋은 게 좋은 게 아닌 경우지. 푸른 채소에는 혈액의 응고를 돕는 비타민 K가 넘치게 많아. 와파린의 작용과 딱 반대가 비타민 K잖아. 매일 채소 먹는 양을 정해 두고 그것보다 넘치게 먹지 않도록 조심해 봐.

Q. 제 친구가 커피 없이는 못 살아요. 약 먹을 때도 커피를 꼭 마시지요. 괜찮은 것 맞죠?

A. 꼭 자기 이야기를 할 때 친구가 그랬다고 하지. 그건 그렇고 커피는 이뇨 작용이 있어서 약이 효과를 내기 전에 소변으로 많이 보내 버리지. 돈은 돈대로 쓰고 효과는 없게 되는 효과를 거두고 싶으면 약 먹을 때 커피 계속 마셔.

Q. 아버지가 저혈당 환자인데 약간의 노인성 치매도 있어요. 벌써 몇 번을 쓰러지셨나 몰라요. 그런데 밤에 자꾸 혼자 집 밖으로 나가 버리셔서 걱정입니다. 혹시나 쓰러져도 술에 취해서 쓰러진 줄 알고 아무도 안 도와주면 어떻게 해요?

A. 아, 이건 참 어려운 문제구나. 딱하고. 팔찌나 목걸이에 '저혈당 환자'라고 적은 태그를 달고 늘 착용하시게 하면 어떨까? 연락을 받을 수 있는 전화번호와 함께 말이다.

Q. 자꾸 두통이 생겨서 진통제를 달고 살아요. 술 한잔과 함께 진통제를 먹으면 세상 모든 근심이 날아가겠죠?

A. 네 간 건강도 제대로 날아가겠지. 그러다가는 시커멓게 변한 얼굴을 하고 다닐 수 있으니 약은 반드시 물과 함께 먹어라.

약은 꼭 물과 같이 먹어.
음식 궁합도 조심하고.
그래야 이승에서 푹 쉬지!
(저승도 편하긴 하다만…)

4장

독 잡는 건강 상식

1

글루텐의 두 얼굴

잘 부풀어 오른 갓 구운 빵에 커피 한잔. 대부분의 사람들에게 일요일 아침 가벼운 식사로 적당합니다. 대체 빵은 어떻게 이렇게 잘 부풀어 있을까요?

밀가루, 설탕, 소금, 물, 효모를 써서 반죽을 하고 이걸 내버려두면 잘 부풀어 오릅니다. 효모는 당분을 먹고 에탄올과 이산화탄소를 만들지요. 잘 아시다시피 이산화탄소는 기체인데 밀가루 반죽 속에서 생기면서 잘 갇혀 있으면 반죽을 부풀어 오르게 만듭니다.

효모의 작용: $C_6H_{12}O_6 \rightarrow 2CH_3CH_2OH + 2CO_2$

그런데 말입니다. 풍선에 입을 대고 바람을 불어 넣으면 풍선이 부풀지만 만약 풍선에 구멍이 여러 개 나 있다면 어떨까요? 아무리 세게 바람을 불어 넣어도 풍선은 부풀지 못하겠지요? 밀, 보리 등의 곡물에는 글리아딘gliadin과 글루테닌glutenin이라는 단백질들이 있는데 이 단백질들은 서로 결합을 하여 글루텐gluten이라는 그물 모양의 단백질 구조를 만들어 낼 수 있습니다. 그러니 글루텐이란 실은 글리아딘과 글루테닌이라는 두 단백질이 합쳐진 것이지요.

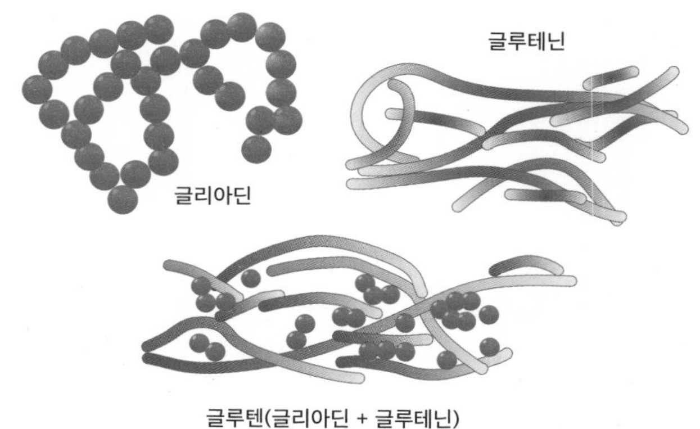

글루텐의 형성 과정

밀가루 반죽 속에는 수많은 글루텐 풍선이 있다고 생각하면 될 것입니다. 효모가 만들어 낸 이산화탄소로 분 글루텐 풍선 말이지요. 이 글루텐 덕분에 부풀어 오른 쫄깃한 빵도 만들 수 있고 짜장면과 쫄면의 쫄깃한 면발도, 파스타와 국수도 가능한 것입니다. 쌀로 만든 쫄깃한 국수, 옥수숫가루로 만든 쫄깃한 빵이 세상에 있던가요? 없지요? 이와 같은 곡물은 글루텐이 없어서 밀가루 반죽처럼 탱탱하고 쫄깃한 빵이나 면을 만들 수 없기 때문이지요.

이제 이 반죽을 높은 온도로 구우면 이산화탄소가 차지하는 부피는 더 커지고 글루텐 풍선도 더 커지겠지요? 이 과정 중에 에탄올은 기체가 되어 대부분 빵 밖으로 빠져나갑니다. 이렇게 해서 부풀부풀 부풀어 오른 폭신한 빵이 만들어집니다.

우리에게 쫄깃함이라는 재미있는 식감을 선사해 준, 면 치기라는 기상천외한 음식 섭취법을 만들어 낸 글루텐. 이 글루텐은 어떤 분들에게는 참 큰 고통을 선사합니다. 셀리악병celiac disease을 가진 분들은 글루텐을 섭취하면 심한 알레르기 증상을 보입니다. 이분들의 몸속에서는 글루텐을 무찔러야 하는 대상으로 인식을 하여 강한 면역 반응을 일으키거든요. 또한 글루텐이 포함된 음식을 먹으면 속이 끓어오르고 머리가 아프고 온몸이 쑤신 증상을 가진 글루텐불내증gluten intolerance을 겪는 분들도 있습니다. '나는 빵이나 면을 먹으면 몸이 안 좋아져'라고 느낀다면 피해야 하겠지요.

이상 글루텐의 두 얼굴에 대해 배워 보았습니다.

게으른 자를 위한 화학 TIP

빵이나 면이나 모두 밥보다는 소화가 잘 안되는 것을 느낄 것입니다. 일반적으로 둘 다 후다닥 빨리 먹어 버리니까 입에서 아밀레이스와 충분히 섞이지 못하기 때문입니다. 또한 밀가루는 단백질 함량이 쌀보다 많기 때문에 뱃속에 들어가서 오래 머물고요. 특히 면 치기로 짜장면이나 짬뽕을 흡입한 경우 오랫동안 소화가 안되는 것을 아실 것입니다. 쫄깃한 면발을 씹지도 않고 삼켰으니 그 면발의 중심부에 효소가 침투하여 소화를 시키기란 아주 어렵습니다. **소화력이 원래 약한 분들에게 면 치기는 아주 위험한 기술임을 기억하시면 좋을 것 같습니다.** 글루텐불내증으로 고생하기 전에 소화가 안되어 얼굴이 누렇게 뜰 수도 있을 테니까요.

2

과당, 포도당, 올리고당? 한 방에 정리!

우리는 달콤한 것들을 참 좋아하지요. 우리의 조상이 나무 위에서 살 때부터 달콤한 것들은 에너지를 충전시키기에 너무나 좋았으니 당연한 일일 것입니다. 짐승들을 잡아먹는 데 드는 수고로움에 비하면 나무에 열린, 어디에 도망가지도 않고 가만히 있는 과일을 따 먹는 것은 너무나 안전하고 쉬운 일이니 땅으로 내려와서 살게 되었어도 달콤한 것들을 잊을 수가 없지요. 물론 맛있는 과일을 몰래 혼자 따 먹다가 우두머리한테 걸려서 뒤통수를 얻어맞을 수도, 과일나무를 차지하기 위해 이웃 부족들과 목숨을 걸고 싸워야 했을 수는 있겠지만 말입니다.

그런데 지금은 어때요? 마트에 가면 적은 돈으로도 달콤한 것들을 가득 쓸어 담아 올 수 있습니다. '프라푸치노 한 잔이요'라고 말만 해도 달콤한 것을 대령하는 세상이 되었습니다. 현대 사회에서 가정의 우두머리인 엄마가 째려볼 수는 있겠네요. 이 글에서는 '달콤한 것을 줄여야 한다'와 같은 죄의식을 불러일으키는 이야기를 하지 않겠습니다. 그냥 우리가 흔히 접하는 달콤한 것들이 무엇이 있나 개략적으로만 알아봅시다.

당은 영어로는 saccharide라고 해요. 우리가 잘 알고 있는 포도당 glucose, 과당fructose 모두 $C_6H_{12}O_6$라는 분자식을 가지는데 이걸 자세히 보면 C가 6개, H_2O, 즉 물 분자가 6개가 있지요? 당은 탄소에 물이 붙어 있는 것처럼 보이는 화합물이지요? 그래서 당을 탄수화물(영어로는 carbohydrate)이라고 부르는 것입니다.

포도당이나 과당이나 분자식은 똑같지만 생긴 모습은 달라요. 포도당은 육각형, 과당은 오각형이지요? 과당은 과일에서 얻을 수 있는 당이라는 뜻이고 포도당은 포도에서 얻을 수 있는 당이라는 뜻이랍니다.

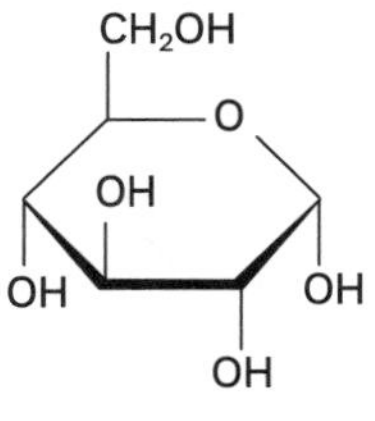

포도당

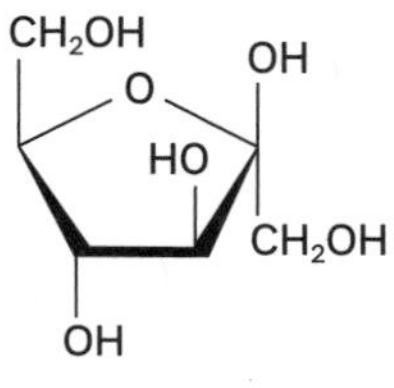

과당

이 포도당 하나와 과당 하나가 연결된 것이 바로 설탕 sucrose(수크로스. 설탕의 화학적 명칭)랍니다. saccharide가 2개 붙었다고 해서

2를 뜻하는 접두어 di를 붙여 disaccharide라고 하고 '이당류'라고 불러요. 그러면 과당이나 포도당을 왜 '단당류monosaccharide'라고 부르는지 아시겠지요? 당 분자가 하나mono밖에 없잖아요. 그래서 그렇게 부르는 것입니다. 다시 정리할까요? 과당과 포도당은 단당류고요, 설탕은 이당류입니다.

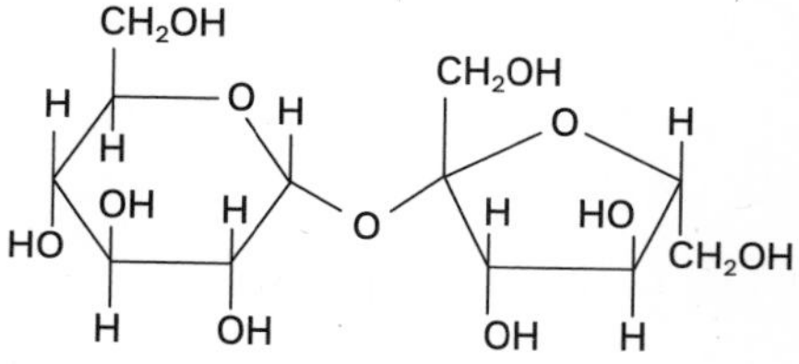

설탕

자, 그러면 올리고당은 무엇일까요? oligo라는 접두어는 '여러 개 또는 몇 개'라는 뜻입니다. 뭘 올리고 내리고 한다고 '올리고'라고 부르는 것이 아닙니다. 그러니까 단당류가 몇 개 붙어 있으면 다당류인 올리고당이 되겠지요? 올리고당이 쪼개져서 단당류가 되어 우리 몸이 흡수하기까지는 시간이 조금 더 걸리기 때문에 올리고당 섭취 시 단당류보다 혈당 수치가 조금 더 느리게 올라가겠지요? 단지 그뿐, 열량이 적고 그러한 것은 아닙니다. 그러니까 설탕 대신 올리고당을 먹어도 살이 찌는 것은 똑같아요.

마지막으로 녹말이나 셀룰로오스는 무엇이라고 부르면 될까요? 이 둘 다 아주 많은 포도당 분자들이 연결되어 있어요. '많다'라는 뜻의 'poly'를 saccharide 앞에 붙이면 돼요. 녹말이나 셀룰로오스는 polysaccharide! 정리 끝.

게으른 자를 위한 화학 TIP

기억하면 언젠가는 써먹을 영어 상식입니다.

mono: 1	monogamy(일부일처제)
di: 2	diode(다이오드. 이극 진공관)
oligo: 여러 개 또는 몇 개	oligarchy(과두 정치. 예를 들어 로마 시대의 삼두 정치)
poly: 아주 많은	polygon(다각형)

3

질산염과 아질산염, 얼마나 무서워해야 할까?

소시지나 햄과 같은 육가공 식품을 안전하게 보관하고 때깔이 좋게 보이게 하기 위해 사용하는 질산염이나 아질산염은 악명이 자자합니다. 이런 가공된 식품을 즐겨 먹는 사람들의 경우 암에 걸리는 확률이 좀 더 높기 때문에 그렇지요. 그런데 육가공 식품의 생산과 판매에 질산염이나 아질산염을 안 쓸 수도 없어요.

보통 질산 나트륨($NaNO_3$), 아질산 나트륨($NaNO_2$)을 사용하는데 이들은 클로스트리듐 보툴리눔clostridium botulinum 균의 증식을 크게 억제할 수 있어요. 피부과에서 보톡스 주사를 맞으면 보툴리눔 균이 만드는 보툴리눔 톡신, 즉 독을 피부에 주사하는 것입니다. 소시지, 햄 같은 것을 질산염과 아질산염을 사용하지 않고 보관하다가 보툴리눔 균이 생기고 이 녀석들이 증식을 하면서 독을 만든다고 생각해 보세요. 운이 나쁘면 먹자마자 위, 심장 같은 것이 바로 마비

되어 사망에 이를 수도 있겠지요?

실제로 질산염이나 아질산염 때문에 암의 발생이 증가하는지 아니면 가공 육류 안에 있는 다른 성분들 때문에 그런 것인지는 불분명합니다. 햄이나 소시지를 만드는 과정에서 실제로 암을 유발하는 니트로사민nitrosamine이라는 화합물들이 만들어질 수 있는데 이런 물질은 질산염이나 아질산염을 적정량 사용하고 식품 공정 가이드라인을 잘 지키기만 하면 건강에 위해를 끼칠 만큼 많이 만들어지지 않습니다. 가장 확실한 것은 높은 나트륨 농도와 암의 발생에는 확실한 상관관계가 있다는 것입니다. 소시지, 햄은 짜고 나트륨을 많이 가지고 있지요. 이것이 질산염, 아질산염에서 오는 나트륨일 수도 있고 염화나트륨, 즉 소금에서 오는 나트륨일 수도 있으니 아질산염, 질산염에 있는 음이온 NO_2^-나 NO_3^-에 손가락질을 하는 것은 좀 섣부를 수 있습니다.

질산 음이온nitrate(NO_3^-)은 상추, 근대, 케일, 비트, 셀러리 등 우리가 즐겨 먹는 채소들에도 많이 있습니다. 질산 음이온은 우리 몸에 들어와서 NO를 만들어 내는데 이것이 혈관을 확장시키고 혈압을 조절하고 혈류를 개선하는 데 도움이 됩니다. 또한 운동선수들은 일부러 이런 질산 음이온을 더 섭취하여 경기력을 향상시키려고도 하지요.

우리 몸은 질산 음이온이 소시지나 햄의 방부제에서 왔는지 식물에서 왔는지 구분할 수 없습니다. 그냥 똑같은 NO_3^-일 뿐입니다. 그리고 우리 몸은 스스로 NO_2^-나 NO_3^-를 만들어 냅니다. 그러니 이 물질들은 우리 몸이 전혀 모르는 물질들이 아니라, 이미 친숙한 물질들이라는 것이지요. 물론 필요해서 만드는 것과 외부에서 강제로 많이 공급되는 것은 다른 이야기겠지만요.

때로는 질산염이 많이 들어 있는 샐러리 가루를 이용하여 소시지나 햄을 보존하기도 합니다. 이런 경우 제품의 라벨에 질산염이나 아질산염을 첨가했다고 기입하지 않습니다. 하지만 질산염을 이용하여 소시지나 햄을 만들었다는 사실 자체가 바뀌는 것은 아닙니다. 아주 교묘한 상술이라고 생각하면 될 것 같습니다.

결론은 나트륨이 많이 들어갈 수밖에 없는 가공 육류 제품의 섭취를 줄이는 것은 건강에 유익할 수 있다는 것과 자연적으로 질산염이 들어간 채소를 적절히 섭취하는 것 또한 건강에 유익할 수 있다는 것입니다. 질산염이나 아질산염이 첨가된 식품에 대해 너무 심한 걱정에 사로잡히지 말고 살았으면 합니다. 다만 매일 부대찌개를 먹고 매끼를 소시지와 햄을 구워 먹는 사람은 다른 것도 좀 드셔야겠지만 말입니다.

안식향산나트륨sodium benzoate이라는 물질도 식품 방부제로 많이 사용됩니다. 곰팡이가 피지 않게 해 주는 물질로 아주 소량으로도 식품이 부패되지 않게 하지요. 비타민 C와 같이 있으면 약한 발암 물질인 벤젠benzene을 만들 수도 있어서 아주 적게나마 건강에 위협이 되기도 합니다. 세균과 곰팡이로 오염된 음식을 먹을 것인가, 아주 약간의 위험을 감수하고 방부제를 사용할 것인가 사이에서 고민하게 되지요. 하지만 음식물의 방부제로 사용되는 정도로는 암을 발생시킬 가능성은 거의 없기 때문에 식중독으로 건강을 잃는 것보다는 낫다고 생각하고, 너무 많은 건강 걱정은 안 했으면 좋겠습니다.

게으른 자를 위한 화학 TIP

피부과에서 맞는 보톡스는 1 unit이 5×10^{-11}g인데 보통 한 자리에 주사하는 양이 4 unit이니까 2×10^{-10}g을 맞는 셈입니다. 이마에 총 다섯 방을 맞으면 1×10^{-9}g을 맞게 되는데, 즉 1g을 10억 등분으로 나눈 그 적은 양을 맞는 것입니다. 이 정도의 적은 양으로도 이마의 감각을 완전히 없애고 피부를 팽팽하게 만들 수 있는 것이니 얼마나 이 독이 무시무시한지 아시겠지요?

4

콜드브루 커피에는 카페인이 적게 들어 있을까?

물 100mL에 녹는 카페인의 최대량은 0.6g(0℃), 2.17g(25℃), 18.0g(80℃), 67.0g(100℃)입니다. 그러니까 카페인은 낮은 온도보다 높은 온도에서 더 잘 녹습니다. 이제 질문 들어가겠습니다. 뜨거운 아메리카노 한 잔에 들어 있는 카페인의 양과 콜드브루 커피 한 잔에 들어 있는 카페인의 양 중에서 어느 것이 더 많을까요? 마음을 정하셨나요?

답을 공개하겠습니다. 355mL 용량의 콜드브루 커피에는 평균 207mg(0.207g)의 카페인이 들어 있는 데 반해 같은 용량의 일반 필터 커피는 약 120~150mg의 카페인이 들어 있다고 하네요. 뭔가 이상하지요? 뜨거운 물로 커피를 녹여 낸 일반 필터 커피가 카페인이 더 많아야 할 것 같은데 말이지요. 이 이상한 결과를 받아들이기 위해서는 두 가지를 고려해야 합니다.

첫째, 0℃의 355mL의 물에는 2g이 넘는 카페인이 녹아 있을 수 있습니다(0℃의 100mL의 물에는 0.6g의 카페인이 녹을 수 있으니까요). 녹아 있다는 뜻이 아니고 녹을 수 있다는 뜻입니다. 즉 차가운 콜드브루 커피에 녹아 있는 카페인은 포화 상태가 아니라는 뜻입니다. 사용하는 커피 가루에 충분한 카페인이 없으면 포화 용액이 안 됩니다.

콜드브루 커피

둘째, 커피 가루에 물이 닿아 있는 시간을 고려하여야 합니다. 콜드브루 커피는 차가운 물을 커피 가루 위에 한 방울, 한 방울 아주 천천히 떨어뜨립니다. 물이 커피 가루와 만나고 같이 머무는 시간이 아주 깁니다. 그러나 일반 커피는 뜨거운 물을 이용하여 커피를 녹여 내지만 물과 커피가 맞닿아 있는 시간이 아주 짧지요.

이제 이해하실 수 있지요? 차가운 물 자체는 카페인을 녹여 내는 능력은 부족하지만 충분한 시간을 커피 가루와 같이 보내기 때문에 커피 가루에 들어 있는 카페인을 거의 다 녹여 내는 거죠.

그럼 에스프레소 한 샷shot에는 카페인이 얼마나 들어 있을까요? 평균적으로 60~70mg 정도밖에 안 됩니다. 진한 에스프레소를 호로록 마셔 버리면 눈이 번쩍 뜨일 것 같은데 말입니다. 사용하는 물의 양과 이 물이 커피 가루와 접촉하는 시간을 생각해 보면 이 결과를 쉽게 이해할 수 있을 것입니다.

게으른 자를 위한 화학 TIP

겉보기에 속지 맙시다. 커피도 사람도. 부드러운 모습으로 다가온다고 그 본성이 진짜 부드러울지는 아무도 모를 일이니까요.

5

팥소 없는 찐빵, 디카페인 커피를 만드는 법

디카페인 커피decaffeinated coffee는 어떻게 만들까요? 디카페인의 'de'는 '빼다'라는 뜻이니까 카페인을 제거한 커피가 됩니다. 카페인 때문에 커피를 마시는 사람의 입장에서는 디카페인 커피를 마시라는 것은 팥소 없는 찐빵을 먹으라는 말과 같지만 카페인이 너무 자극적인 분들이 커피의 맛과 향을 즐기고 싶을 때는 좋은 대안이지요.

카페인은 높은 온도의 물에 잘 녹습니다. 그에 반해 탄닌과 같은 커피의 향을 만들어 내는 다양한 물질들은 물에 그다지 잘 녹지 않아요. 그러므로 볶지 않은 커피 원두를 뜨거운 물에 담그면 카페인 성분은 녹아 나오고 다른 물질들은 그대로 남겠지요? 이 카페인이 제거된 커피 원두를 말린 다음 볶아서roasting 가루를 내고 그것을 추출하여 만든 커피가 여러분의 손에 들린 디카페인 커피입니다.

이와 같이 순수한 물만 사용해서 카페인을 제거할 수도 있지만 이산화탄소를 사용해서 카페인을 추출할 수도 있어요. 이산화탄소는 1기압, 상온에서 기체입니다. 상온의 이산화탄소에 높은 압력을 걸어 주면 어떻게 될까요? 이산화탄소 분자들을 통 안에 집어넣고 꾹 눌러 주는 거죠. 그러면 이산화탄소는 기체보다는 작은 부피로 존재할 수 있는 액체로 변하게 됩니다. 다음 그림에서 회색 화살표 방향으로 상phase이 이동하는 것입니다.

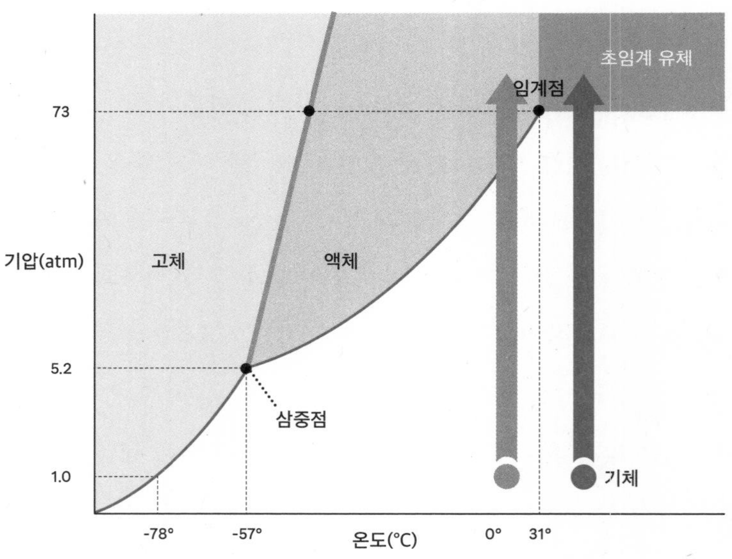

1기압에서 이산화탄소의 온도를 살짝 올려 주어도 이산화탄소는 여전히 기체입니다. 이것에 높은 압력을 걸어 주면 아주 흥미로운 상태로 변합니다(붉은색 화살표). 부피는 줄어들었으나 분자들 사

이의 인력은 거의 없는 초임계 유체supercritical fluid가 되어 버립니다. 초임계 유체는 액체도 아니고 기체도 아닌데 액체의 성질인 작은 부피를 차지한다는 점과 기체의 성질인 분자 간의 인력이 작다는 성질을 가집니다.

이 이산화탄소의 초임계 유체는 카페인은 녹이는데 다른 물질들은 거의 못 녹입니다. 볶지 않은 커피 원두를 물로 좀 불린 다음에 이산화탄소의 초임계 유체에 담가 버리면 카페인이 녹아 나오겠지요? 카페인이 제거된 커피 원두를 건조한 후에 볶으면 디카페인 원두가 만들어집니다.

물과 이산화탄소의 초임계 유체 이외에도 유기 용매를 사용해서 카페인을 녹일 수 있어요. CH_2Cl_2다이클로로메테인와 같은 용매를 사용하여 카페인을 녹여 낼 수 있습니다. 먹는 데 유기 용매를 쓰다니 찜찜하긴 하지요? 하지만 이 유기 용매가 커피 원두에 소량 남아 있다고 하더라도 아주 낮은 온도에서 휘발되어 날아가 버릴 수 있고 또한 원두를 볶는 과정에서 다 제거가 됩니다. 너무 지나친 걱정은 안 해도 됩니다. 하지만 기분이 찜찜한 것은 어쩔 수 없습니다.

물이나 이산화탄소를 이용하여 카페인을 제거하는 공법은 어떠한 위협도 추가되지 않습니다. 카페인만 제거됩니다. 물론 또 인터넷을 뒤져 보면 디카페인 커피가 몸에 좋다느니 나쁘다느니, 디카페인 커피의 부작용, 디카페인 커피의 효능 등 말이 많을 것이지만 무시하시고 카페인이 거의 다 제거된(원래 양의 10% 정도까지 남아 있을

수 있어요. 미국에서는 3% 미만이 남아 있어야 디카페인 커피로 인정하지요)

커피의 풍미를 즐기시면 됩니다.

게으른 자를 위한 화학 TIP

디카페인 커피 회사들은 자신이 있는 경우 자기들이 어떤 공법으로 디카페인 커피를 만드는지 자랑합니다. 만약 그런 자랑을 하지 않는다면 유기 용매를 이용하여 카페인을 제거하였다는 합리적 의심을 가지면 됩니다.

6

최고의 음식 궁합 찾기

지금 만나는 사람이 나에게 맞는지 참 궁금해져서 역술가도 만나고 타로점도 보지만 그 결과는 들쑥날쑥, 대체 어떤 것이 답인가 헷갈리기 쉽지요. 그런데 실은 맞는지 안 맞는지는 스스로가 이미 알고 있을 가능성이 높지만 다른 곳에서 '괜찮다'라는 말을 듣고 안심을 하고 싶은 심리 때문에 점을 보기 일쑤입니다.

역술에서 이야기하기로는 서로가 가지지 않은 부분을 채워 주면 일반적으로 좋은 궁합을 가진다고 하잖아요? 음식에서의 궁합도 마찬가지입니다. 단백질이 넘치는 음식과 또 다른 단백질 음식을 먹으면 단백질 분해 효소가 부족해져서 소화가 잘 안될 수가 있지요? 마치 '화'가 많은 사람이 또 다른 '화'가 많은 사람을 만나면 그 만남이 좋지 않듯이 말입니다. 몇 가지 이미 검증된 '최고의 음식 궁합'의 예를 살피면서 좋은 음식 궁합을 찾아보도록 합시다.

탄수화물 음식과 망고	탄수화물을 분해하는 소화 효소는 우리의 침샘에서 나오는 **아밀레이스**잖아요? 그런데 망고에 이 아밀레이스가 아주 많이 있답니다. 그러니 망고와 탄수화물 음식을 같이 먹으면 소화가 아주 잘되어 배에 부담이 없습니다.
육류와 파인애플/키위	소화력이 좀 부족한 사람이 갈비구이, 삼겹살 바비큐, 스테이크를 많이 먹으면 속이 더부룩하고 부대낄 수 있습니다. 이때 파인애플이나 키위 같은 과일을 같이 먹으면 아주 좋아요. 이런 과일 속에 있는 **단백질 분해 효소**가 소화를 아주 잘 도와주기 때문이죠.
고지방 음식과 아보카도	기름기가 많은 느끼한 음식을 먹으면 아주 힘들어하는 분들도 있지요. 이때 아보카도가 소화를 도와줄 수 있어요. 아보카도에는 지방 분해 효소인 **라이페이스**가 들어 있거든요. 다음에 지방이 많은 느끼한 음식을 먹을 때 아보카도 몇 조각을 곁들여 보시기 바랍니다.
과식에는 생강	소룡포(샤오롱바오)와 같은 중화권 음식을 파는 곳에는 생강이 곁들여 나옵니다. 생강에는 단백질 분해 효소가 있어서 소화를 아주 잘 도와줍니다. 또한 장 운동을 촉진시켜서 음식물이 장에 오래 머물지 않게 해요. 소화 불량이 걱정되면 생강을 곁들이면 좋다는 이야기입니다.
식용유와 토마토/당근	토마토나 당근에는 항산화 효과가 있는 **리코펜**과 몸에서 비타민 A로 변하는 **베타카로틴**이 각각 들어 있습니다. 그런데 이런 성분은 기름에 잘 녹아요. 기름에 요리해서 이런 성분을 녹여 내어 섭취하면 몸에 좋은 성분을 놓치지 않고 다 잡을 수 있겠지요?

어떤가요? 법칙이 눈에 보이는지요? 그렇죠. 대부분의 경우 특정 소화 효소가 많은 과일/향신료와 그 효소가 소화를 잘 시키는 음식이 짝을 지어서 있지요? 토마토/당근의 경우 몸에 유익한 성분을 빼내도록 기름과 짝이 지어져 있고요.

그러면 서로 궁합이 안 좋은 음식을 찾는 것은 쉽겠지요? 한 가지 영양 성분이 든 음식들을 중복하여 먹으면 소화 효소 부족으로 소화가 잘 안될 것이니 나쁘겠죠. 예를 들어 너무 많은 단백질 음식을 먹게 되면 신장에 많은 부담을 줄 수도 있고 소화 자체도 어려울 것입니다. 또한 우유는 오렌지주스와 같은 산성 음식과 섞이면 덩어리가 져 버려서 소화가 어렵습니다.

한 번에 너무 많은 음식을 먹는 것도 당연히 몸에 좋지 않겠지요. 위가 가득 차 버리면 위에서 음식물과 효소가 섞이기가 힘들고 그러면 당연히 소화는 어려워지고 급체를 하기가 십상입니다. 진정으로 몸의 건강을 생각한다면 음식의 궁합을 따지기 전에 뷔페 식당에 가서 평소 먹는 양의 세 배, 네 배를 먹는 것, 무한 리필 음식점에서 정말 무한히 먹는 것과 같은 행위를 피하는 것이 가장 중요하다는 점을 꼭 기억합시다.

게으른 자를 위한 화학 TIP

앞의 긴 이야기를 단순하게 정리하면 '최고의 음식 섭취법은 여러 가지 음식을 골고루 적당하게 섭취하는 것이다'가 되겠지요? 애써 최고의 음식 궁합을 찾지 말고, 편식하지 않고 골고루, 위가 불편하지 않을 정도로만 먹으면 만사형통입니다.

게으른 자가 건강해지는 독 탈출 Q&A

Q. 설탕 대신 열량이 거의 없는 감미료를 사용하면 건강에 참 좋겠지요?

A. 하나만 알고 다른 것은 모르는군. 얘네들이 몸에 들어오면 인슐린이 열심히 일을 하겠지. 세포는 당 들어왔다고 입을 떡 벌리지. 근데 아무것도 안 들어와. 그러면 세포가 열을 받아, 안 받아? 열받겠지? 그다음부터는 인슐린 말을 안 듣겠지? 그러면 나중에는 몸에 당이 들어와도 세포가 '난 안 속아' 하면서 당을 안 받아들여. 그럼 무슨 일이 생기지? 그래. 혈당 수치가 확 올라가는 거야. 인공 감미료 너무 좋아하지 마. 알겠지?

Q. 햄을 한번 데치면 방부제 성분이 쫙 빠지지 않을까요?

A. 아질산 나트륨은 물에 잘 녹으니까 꽤 빠져나오겠지. 그러고 나트륨 성분도 많이 빠져나올 거야. 그러니 햄을 데친 다음에 요리해 먹는 것은 나쁜 생각은 아니야. 하지만 가공식품인 햄보다는 고기 그대로를 섭취하는 것이 더 좋겠지?

Q. 요즘은 초등학생도 무인 카페를 이용하던데 아이들이 카페인 음료를 마셔도 괜찮을까요?

A. 큰일 날 소리지. 우리 몸은 자는 동안 어디 고장 난 데가 있으면 수리도 하고 그날 공부한 것도 잘 정리해서 기억 창고에 넣고 그러지. 근데 애들이 카페인 음료 먹고 잠을 안 자 봐. 무슨 일이 생길까?

애들 몸도 잘 안 자라고 공부는 죽어라 하는데 기억은 안되니 공부도 잘 못하지. 카페인 음료는 다 자란 성인이 먹는 거야. 애들은 가라.

Q. 요즘 효소 제품 많잖아요. 정말 몸에 그렇게 좋을까요?

A. 열대 과일이나 무 같은 채소에는 소화 효소가 들어 있어서 소화가 잘 안되는 사람들에게는 도움을 줄 수 있지. 효소 제품들도 그 정도 효과를 가진다고 생각하면 돼. 이런 것들이 무슨 불로장생의 묘약처럼 이야기하는데 적당히 걸러 듣는 게 현명한 거야. 기억할 것은 가장 좋은 효소는 우리 몸이 만들어 내는 효소라는 거지. 건강하기만 하면 우리에게 필요한 효소는 우리 몸이 다 만들 수 있어. 굳이 외부에서 안 찾아도 돼. 알겠지?

Q. 왜 평소에 기름기 없는 담백한 음식을 먹다가 고깃집에 가서 삼겹살을 많이 먹으면 꼭 설사를 할까요?

A. 우리 몸은 평소의 습관에 맞춰 소화 효소의 양을 적당히 준비해 둬. 평소에 지방을 거의 안 먹으면 지방 분해 효소의 양도 적겠지? 근데 갑자기 많이 먹으면 단백질 분해도 지방 분해도 다 못 하고 몸이 항복을 외치는 거야. 먹어 본 사람이 더 잘 먹는다는 것이 빈말이 아니야.

제대로 알고 먹으면
절대 겁낼 것 없느니라!
잘못된 건강 상식들을
시원하게 정리해 주마.

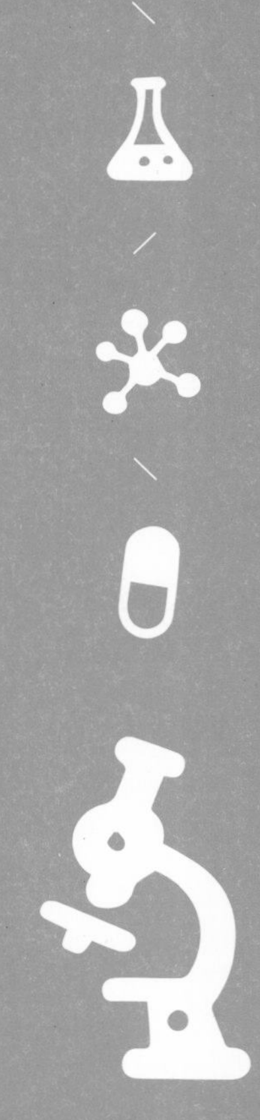

2부

독이란 무엇인가

5장

독
개론

1

독의
전달 경로

○
●
●

뱀, 전갈, 말벌, 해파리, 모기, 가시가오리와 같은 동물들은 아주 능동적으로 독을 사용하지요. 이빨, 꼬리의 침, 촉수, 침saliva에 독을 감추고 있다가 사람의 피부를 찔러서 독을 전달합니다. 이와 같이 적극적으로 독을 전달하지는 않지만 독화살개구리, 포이즌 아이비, 옻나무와 같이 자신의 몸의 가장 바깥 부분에 독을 바르고 있다가 사람의 피부가 스치면 피부를 통해 독이 스며들게 하는 생물들도 있습니다. 어떤 생물들이 어떤 독을 가지고 있는지만 잘 알고, 이 생물들의 서식지에 대한 이해가 충분히 있다면 생물 독은 잘 피할 수 있겠습니다.

독은 우리의 호흡기를 통해서도 들어올 수 있습니다. 곰팡이 포자, 박테리아, 바이러스와 같은 것들은 눈에 보이지 않지만 공기 중에 떠다니며 우리의 몸으로 들어와서 문제를 일으킵니다. 공기 중에 떠다니는, 매연 속에 숨어 있는 PAH다환방향족탄화수소, Polycyclic Aromatic Hydrocarbons, 오존과 같은 화합물들도 눈에 볼 수 없기 때문에 피하기 어렵지요. 하지만 전염병이 창궐하는 경우 마스크를 쓰고, 공장이나 자동차에서 배기가스가 많이 나오는 곳을 피하는 것만으로도 독이 우리의 호흡기로 들어오는 것을 막을 수 있지요.

그런데 우리는 우리의 생활을 편리하게 하기 위해서 수많은 문명의 이기를 만들어 내기도, 즐거운 미식을 위해서 다양한 음식을 먹기도, 건강을 위해 '건강식'을 찾기도, 아름다움을 위해서 향수와 화장품을 바르기도 하면서 다양한 독을 섭취하고 호흡하고 바르며 살고 있지요.

우리는 서서히 작용하는 독인 당을 맛있다고 즐기고, 내분비계를 교란시키는 환경 호르몬이 새어 나오고 뇌 인지 장애를 일으킬 수 있는 미세 플라스틱이 떨어져 나올 수 있는 플라스틱 용기를 사용하고, 생식을 하면 무조건 좋은 줄 알고 아무것이나 생으로 섭취하고, 독이 들어 있는 음식인 줄도 모르고 많이 먹고, 무방부제면 무조건 좋은 줄 알고 상한 고기를 먹기도 하고, 짜릿함을 위해 복어알을 먹기도, 쾌락을 위해 향정신성 약물을 투여하기도 합니다. 또 몸에 좋은 것이라면 음식과 약의 궁합을 따지지 않고 먹기도 하고, 농약이 몸에 안 좋긴 하지만, 암을 유발하는 PAH가 식물의 이파리에 쌓이는 것은 모른 채 농약을 안 친 텃밭의 채소가 무조건 좋다고 생각하기도 하지요.

평소에 아무 생각 없이 섭취하는 음식과 약에 들어 있는 독과 이들의 상호 작용이 어쩌면 사람에게 가장 위험한 것일지도 모릅니다. 먹거리가 독이 된다는 생각은 하기 힘드니까요. 이것이 소중한 건강을 지키기 위하여 독이 되는 음식과 독이 들어 있는 음식, 그리고 독이 되는 약과 음식의 조합에 대해 우리가 좀 더 자세히 알아야 하는 이유입니다.

게으른 자를 위한 화학 TIP

우리 주변에는 독이 참 다양하게 많습니다. 그러다 보니 '우리가 먹는 모든 것이 독이다'라는 극단적인 사고를 유포하며 자신들의 '해독 주스', '해독제'를 선전하는 경우도 보입니다. 진짜 독에 대한 지식의 힘을 이용하여 '매스컴이 만들어 내는 가짜 독 공포 마케팅'을 물리쳐 봅시다.

2

알레르기 유발 물질

봄만 되면 꽃가루 알레르기 때문에 눈이 시뻘게지고 콧물을 줄줄 흘리며 재채기를 심하게 하는 사람들이 있지요. 먼지, 꽃가루, 고양이 털과 같은 것이 우리 몸에 들어온다 한들 이러한 물질들이 암을 유발하는 것도 아니고 세포의 양이온 채널을 막아 우리를 죽이지도 않습니다. 하지만 우리 몸은 마치 큰일이 나는 것처럼 호들갑을 떨며 눈물, 콧물, 재채기를 쏟아 내며 이런 물질들을 우리 몸에서 빨리 씻어 내려고 노력을 할 수 있습니다. 그것이 바로 알레르기 반응입니다. 겉으로 보기에 아무 문제가 없는 물질들에 대해 우리의 몸이 과민 반응을 하는 것입니다.

벌레에 물렸을 때도 마찬가지입니다. 예를 들어 모기가 피를 빨아먹기 위해서 항응고 물질을 우리 피부에 주입하면 그 주변이 많이 부풀어 오를 수 있지요. 우리 몸의 입장에서는 뭔가 나쁜 물질이 우리 몸을 침범한 것 같으니 빨리 씻어 내고 싶거든요. 똑같이 모기에 물려도 어떤 사람은 조금만 부어오르고 어떤 사람은 어마어마하게 부풀어 올라서 물집이 잡히기도 합니다. 똑같은 종류의 자극에 대해서도 증상은 사람마다 차이가 있는 셈입니다.

외부의 물질이 우리를 침범하였을 때 대체 어떤 일이 일어날까요? 외부에서 알레르기 물질이 사람의 몸으로 들어오게 되면 비만세포mast cell에서 히스타민이라는 물질이 갑자기 분비가 됩니다. 옛날에 외적이 쳐들어오면 봉화를 피워 올렸지요? 히스타민이라는 물질은 마치 봉화의 연기처럼 '적군이다. 적군이 쳐들어왔다'라고 우리 몸 안에서 외치는 셈입니다. 히스타민이 분비되면 우리 몸은 외부에서 침범한 물질을 몸 밖으로 빼내기 위해서 눈물, 콧물을 쏟아 내고, 재채기를 하고, 피부가 통통 부어오르게 합니다. 우리의 면역 체계가 바깥에서 유입된 물질을 제거하게 만들지요.

옻나무나 포이즌 아이비에 있는 우루시올urushiol이라는 물질은 우리 몸에 침투하면 몸 안에 있는 단백질에 결합을 합니다. 우리 몸은 이 우루시올이 결합된 단백질을 외부에서 침투한 나쁜 물질로 인식하고 이를 없애기 위해 히스타민을 마구 분비하는데 아주 통통 붓고

포이즌 아이비

물집이 잡히게 만들지요. 모기나 말벌에 물려도 마찬가지입니다. 이런 곤충이 우리 몸에 쏘아 넣는 항응고 물질이나 알칼로이드 물질을 씻어 내기 위해 히스타민을 분비하고 벌레에 물린 자리를 퉁퉁 붓게 만들지요. 문제는 이러한 알레르기 반응이 사람에 따라 다르다는 것입니다. 어떤 사람은 크게 지장을 받지 않지만 어떤 사람은 목숨에 위협을 받을 정도로 온몸이 부어오를 수가 있지요. 만약 기도가 심하게 부어오른다면 숨이 막혀 질식사를 할 수도 있는 것입니다.

우리 몸에서 히스타민이 분비되어 알레르기 증상이 일어날 수도 있지만 먹는 음식에 히스타민이 많으면 그 음식으로부터 알레르기 증상이 유발될 수도 있습니다. 우리가 흔히 먹는 음식에 히스타민이 들어 있지 않아도 알레르기 증상을 보이는 사람들도 있지요. 우유의 젖당을 분해하는 효소가 없어서 생기는 유당불내증은 알레르기 증상이 아닙니다. 그냥 소화를 못 해서 문제가 되는 것이지요. 하지만 어떤 사람은 우유에 들어 있는 단백질에 알레르기 증상을 보입니다. 땅콩에 알레르기 증상을 보이는 사람들도 있고요.

본인의 음식 알레르기는 많은 경우 잘 알고 있지요. 먹는 음식의 종류를 잘 따지기만 하면 알레르기를 피할 수 있습니다. 하지만 먹는 음식에 히스타민이 많이 있는지 없는지는 알 수 없을 때가 많지요. 또 옻나무에 알레르기 반응을 보이는 것은 알지만 망고 껍질에 우루시올이 있어서 알레르기 반응을 심하게 유발할 수 있는지는 모르는 경우가 대부분일 것입니다. 우리 주변에 알레르기를 유발할 수 있는 물질이나 음식이 어떤 것이 있는지를 잘 파악하는 것은 소중한 생명을 지키는 데 큰 도움이 될 것입니다.

게으른 자를 위한 화학 TIP

알레르기 반응에 대해 별것 아닌 것으로 치부하면 안 됩니다. 알레르기 반응은 같은 물질이라도 사람에 따라 그 증상이 다를 수 있고 심한 경우 사망에 이를 수 있습니다. 식도락도 좋지만 조심해야 하는 알레르기 물질을 알고 적절히 행동해야겠습니다.

3

LD50

호흡기와 피부로 들어와서 사람의 건강에 문제를 일으키는 독은 박테리아와 바이러스에서 유래한 것을 제외하면 대부분 사람이 만든 것에서 오는 것입니다. 청소가 잘된다고 락스와 식초를 섞어서 유독 물질인 염소 기체를 만들거나 가습기 세균을 없앤다고 호흡기 세포에 치명적인 독성을 지니는 계면 활성제를 추가하여 에어로졸 형태로 만들어서 호흡기 건강에 위해를 가하는 행위를 사람들은 스스럼없이 합니다. 천연 광물인 석면은 원래 있던 곳에 그대로 있었다면 사람에게 나쁜 영향은 안 주었을 것입니다. 하지만 단열재로 사용되었던 석면은 오래된 건물에서 먼지 형태로 사람의 폐에 들어가서 폐를 병들게 합니다. 디젤 자동차에서 배출되는 질소산화물 기체는 공기 중에서 자외선을 만나서 오존으로 변하여 우리의 호흡기에 병을 만들어 냅니다. 공장과 자동차 배기가스의 매연에 들어 있는 PAH는 암을 유발합니다.

염소 기체, 석면, 미세먼지, 오존, 계면 활성제와 같은 단어들은 이미 우리가 많이 접하였고 되도록이면 피해야겠다는 생각을 가질 것입니다. 하지만 늘 먹는 음식을 통하여 우리도 모르게 먹게 되는 (천연이든 합성이든) 화합물들이 독이 된다는 생각은 잘 하지 못하지요. 술이 간을 망가트리고 암을 유발하고 태아의 두뇌 발달을 저해한다는 것과, 담배가 폐의 건강에 나쁘다는 것을 다들 알고 있지만 '당장 죽는 것은 아니잖아'라는 생각을 하기도 하므로 술과 담배는 여전히 사람들의 기호식품으로 남아 있습니다. 그 결과 우리가 적극적으로 섭취하거나 호흡하는 것들에 대한 경각심이 매우 낮습니다.

우리 주변에서 흔히 접하는 화합물들이 사람 몸에 들어와서 얼마나 위협이 되는지를 알려 주는 수치가 하나 있습니다. 바로 LD50(반수 치사량)입니다. 어떤 화합물을 섭취한 실험체 중 50%가 죽는 양을 바로 LD50이라고 하지요. 사람으로 이런 실험을 하기는 어렵기 때문에 쥐나 토끼와 같은 실험동물로 측정한 값이기는 하지만 사람도 생명체이므로 이 물질들이 얼마나 위험한지에 대한 대략적인 정보는 줍니다.

다음 페이지의 표를 확인해 보세요. 100kg인 사람으로 표 안의 내용들을 바꾸면 다음과 같습니다. 100명의 100kg의 사람들이 각자 10L 정도의 물을 한 번에 다 마시거나, 1% 농도의 전자 담배용 니코틴 앰플을 8mL 정도를 입에 털어 넣으면 50명의 사람이 사망

물질 이름	LD50(쥐, 경구 투여 시)
물	90g/kg
술(에탄올)	7g/kg
담배(니코틴)	0.8mg/kg(인간, 경구 투여 시)
해열/진통제(아세트아미노펜)	1.9g/kg
해열/진통제(이부프로펜)	0.636g/kg
커피(카페인)	0.192g/kg
설탕	29.7g/kg
염소계 표백제(NaOCl)	1.1g/kg
염소 기체(Cl_2)	100ppm(공기 중 농도를 의미. 호흡 시 극히 위험)
자양강장제(타우린)	5g/kg

• 자료 출처: 대한화학회, MSDS 등

한다는 것입니다. 일반적인 상황에서 물을 그만큼 먹거나 니코틴을 먹지는 않을 테니 소주를 대상으로 생각해 보겠습니다. 체중 100kg인 사람이 알코올 700g을 먹으면 죽을 확률이 반반입니다. 20도인 소주로 따져 보지요. 소주 1L에 대략 200g의 알코올이 있을 것이고 소주 3.5L를 마시면 사망할 확률이 50%가 되지요. 소주 한 병에 360mL니까 열 병 정도를 마시는 100kg의 술꾼이 사망할 확률이 50%인 셈입니다. 체중이 50kg 정도 나가는 사람은 이 양의 반, 즉

• 자세한 내용은 https://terms.naver.com/entry.naver?docId=5663192&cid=62802&categoryId=62802와 <Archives of Toxicology>, Volume 88, 5-7, 2014를 참고.

소주 5병이면 목숨이 경각에 달려 있는 것이지요. 이 정도의 양이면 사람을 죽이지 않더라도 술을 자주 마시는 사람의 경우에 간에 심각한 독으로 작용해서 간경화와 간암이 올 수도 있겠습니다.

정말 적은 양으로도 사람을 죽이는 독도 있습니다. 대표적인 것이 보톡스 주사에 쓰이는 보툴리눔 독소인데 이 독의 LD50은 약 천만 분의 1g 정도입니다. 눈에도 보이지 않는 적은 양이지만 사람을 죽일 수 있습니다. 그런데 이런 무서운 독이 상한 육류에 있다는 것을 아시나요? 상온에 두어서 퀴퀴한 냄새가 나는 햄버거 패티나 소시지용으로 갈아 놓은 고기를 먹고 사망에 이를 수 있는 이유가 바로 여기에 있습니다.

다양한 독의 종류와 이들이 어디에 있고 어떤 식으로 작용하는지를 알고, 각각이 가지는 위험성에 대한 정보를 가지고 있는 것만으로도 꽤 안전한 생활을 할 수 있을 것입니다. 정보는 힘이니까요.

게으른 자를 위한 화학 TIP

우리가 늘 마시는 물도 너무 많이 마시면 사람은 죽게 됩니다. 물이 이런데 이미 그 위험을 알고 있는 알코올은 많이 섭취하면 당연히 생명이 위험하겠지요? LD50을 이용함에 있어서 주의해야 하는 것은 **LD50은 그 양을 섭취하면 섭취한 사람의 반이 죽는다는 통계에서 나온 값이라는 것을 반드시 이해해야 한다는 것입니다.** 사람에 따라서 LD50 근처에도 이르지 않는 양의 술을 마셔도 사망하는 경우가 있다는 것을 알아야겠습니다. 요즘 카페인이 들어간 에너지 드링크를 마시며 공부하거나 일을 하는 사람들이 많아졌습니다. 겨우 커피 세 잔 정도 양의 카페인(LD50 근처에도 못 가는)을 먹고도 심장마비가 온 사람도 있다는 것을 알면 이런 약물들의 사용을 좀 더 조심하지 않을까 생각해 봅니다.

4

끓여도 독성이 줄지 않는 독의 구분법은?

'이 음식에 독이 있다고? 끓이면 되지 뭐. 끓이면 독이 없어지니까 걱정 말고 먹어'라고 누군가가 여러분의 상식에 위배되는 행동을 강권한다면 당장 절교하시기 바랍니다. 진정한 친구는 친구를 위험에 몰아넣지 않습니다.

독은 여러 가지 화합물의 형태로 존재하지요. 어떤 독이 열에 강한지, 혹은 열을 가하면 독성이 사라지는지 알아보도록 합시다. 먼저 납, 카드뮴, 수은과 같은 금속 이온 독은 아무리 끓여도 사라지지 않습니다. 음이온 형태로 우리 몸에 들어올 수 있는 비소도 마찬가지입니다. 또한 석면과 같은 광물도 열을 가한다고 해서 물질이 분해되어 사라지지 않습니다. 그러므로 무기물 형태의 독은 열을 가해도 독성이 그대로 있다고 생각하시면 됩니다. 참치회에 들어 있는 수은이 참치를 굽는다고 해서 사라지지 않습니다.

탄 음식이나 고온에서 짜낸 기름에 있는 벤조피렌과 같은 PAH 화합물들은 그 구조가 아주 튼튼합니다. 애초에 높은 온도에서 만들어진 화합물들입니다. 그러므로 이런 화합물은 온도를 높인다고 해서 독성이 사라질 턱이 없습니다.

독 중에는 단백질 독이 있습니다. 이 중에서 단백질의 크기가 큰 경우는 고온에서 가열하면 단백질이 변성이 되어 독성이 사라질 수 있지요. 달걀을 끓는 물에서 삶으면 투명했던 달걀의 단백질이 하얗게 변하는 것을 볼 수 있지요? 단백질의 구조가 변하는 '변성'이 일어난 것인데 이렇게 변성이 되면 독성 또한 사라질 수 있지요. 예를 들면 상한 고기에 들어 있는 보툴리눔 독소는 고온에서 가열하면 그 구조가 변하여 독성이 사라집니다. 맛은 없겠지만 상한 고기를 삶으면 그 속에 든 보툴리눔 독소는 사라지게 만들 수 있습니다. 피마자 껍질에 있는 리신은 정말 적은 양으로도 사람을 죽일 수 있는 단백질 독소입니다. 하지만 이러한 극독 물질도 100℃에서 가열해 주면 단백질이 변성되어 독성이 사라집니다.

하지만 아미노산 사슬이 짧은 펩타이드나 작은 분자로 이루어진 독은 많은 경우에 열을 가하여도 그 구조가 변하지 않습니다. 구조가 변하지 않는다는 이야기는 이 독들의 독성이 그대로 유지가 된다는 뜻이지요. 복어에 들어 있는 테트로도톡신, 패류에 있는 삭시톡신, 싹이 튼 감자의 솔라닌, 고사리에 들어 있는 프타퀼로사이드와 같은 독은 열을 가해도 독성이 그대로 있습니다. 고사리의 경우에는 자꾸 삶아서 독을 우려내서 버리면 먹을 수 있지만 말입니다.

총정리를 해 볼까요? 많은 종류의 독은 열을 가해도 그 구조가 변하지 않기 때문에 독성이 그대로 있습니다. 단백질로 이루어진 독 중에는 열을 가했을 때 구조가 변하는 변성이 일어나서 독성이 사라지는 경우도 있습니다. 그러나 안전하게 가려면 '끓이면 독이 없어질 거야'라는 안일한 생각을 버리는 것이 좋겠습니다.

많은 분들이 독이 산성인지 염기성인지를 따져서 염기성 물질이나 산성 물질로 중화를 시키면 독성이 사라진다는 생각을 하십니다. 복어 매운탕에 식초를 뿌리면서 '독성을 없애려면 식초를 뿌려야 돼'라고 하시는 분들도 있습니다. 아닙니다. 식초를 뿌린다고 독성이 사라지는 것이 아니고 애초에 복어 매운탕에는 독이 있으면 안 되는 것입니다. 화합물이라고 해서 무조건 산, 염기 반응으로 해결하겠다는 생각은 무덤에 조금 더 빨리 가게 만들 수 있다는 것을 절대로 잊지 말자고요.

게으른 자를 위한 화학 TIP

열을 가했을 때 독성이 사라지는 경우는 독이 아주 큰 단백질로 이루어진 경우밖에 없다고 생각하시면 안전합니다. 일반인들이 독이 큰 단백질의 구조를 가지는지 아닌지를 알기는 너무 어렵습니다. 그러므로 독이 있다고 알려진 음식물에서 확실하게 독을 제거하는 방법을 모른다면 피하는 것이 상책이겠지요. 또한 몸에 좋다고 음식을 강권하는 경우 사양하기가 꽤 어렵겠지만 알레르기나 중독이 의심된다면 정중히 거절하는 것이 좋겠습니다.

5

독이란 무엇인가?

○
●
●

독은 아주 간단히 정의한다면 사람의 건강을 잃게 하거나 생명을 앗아 가는 물질입니다. 생명이 작동하는 원리를 곰곰이 생각해 보면 어떤 물질을 독이라고 하는지에 대해 쉽게 이해할 수 있습니다.

생명체는 세포로 이루어져 있습니다. 사람과 같은 고등 생명체는 수많은 세포들이 서로 유기적으로 소통을 하게 만들어져 있지요. 세포는 어떻게 생겼는지 그 속에서 무슨 일이 일어나는지 그리고 세포들은 어떠한 방식으로 소통하는지를 아주 간단하게만 짚어 보며 독이 하는 일을 알아봅시다.

1. **질식:** 우리는 산소로 호흡을 하고 살고 있어요. 공기를 들이마시면 공기 중의 산소가 허파에서 우리 몸의 핏속에 있는 적혈구로 옮겨 가게 되고 이 적혈구에 의해서 세포 곳곳으로 이동

됩니다. 만약 적혈구가 파괴되거나 적혈구 속에 산소가 붙어야 할 자리에 다른 분자가 붙어 있어서 산소가 붙지 못한다면 어떻게 될까요? 네, 숨이 막혀서 죽게 될 것입니다. 기도에 있는 세포들이 갑자기 크게 부풀어 오른다면 어떤 일이 생길까요? 기도가 너무 좁아져서 숨을 더 이상 쉴 수 없어 죽게 되겠지요?

2. **세포 간 신호 전달 체계 파괴:** 세포막에는 나트륨, 칼륨, 칼슘 등의 이온이 출입을 하는 단백질로 이루어진 채널들이 있어요. 이들은 세포 안과 밖의 양이온 농도가 차이가 나게 만드는 역할을 하는데 세포는 이러한 막전위를 이용하여 세포 간에 신호 전달을 합니다. 그런데 심장의 근육 세포에 있는 채널들이 막혀 버리면 어떻게 될까요? 근육이 수축과 이완을 못 하게 되겠지요? 심장이 더 이상 뛰지 못하니 사람이 죽게 되겠지요.
3. **신경 세포를 바보로 만들기:** 뇌와 척수에 있는 신경 세포들은 신경 세포들끼리 그리고 근육 세포와 소통을 해야 합니다. 이러한 세포들 간의 소통에는 세포의 막전위도 이용하고 세포 간의 물질 전달도 이용하지요. 그런데 신경 세포의 양이온 채널을 막아 버리거나 세포들 간의 물질 전달을 막아 버리게 되면, 우리 몸의 사령부인 뇌에서 근육 세포로의 신호 전달이 안 되어 심장이 멈추는 것과 같은 위험한 상황에 처할 수가 있겠지요?

4. **세포막 구조 파괴:** 우리의 세포는 인지질이라는 분자들이 콜레스테롤과 함께 이중으로 막을 이루며 세포 속 물질을 보호하고 있어요. 그런데 만약 이 이중막의 구조에 문제가 생겨 녹아 버린다면 어떤 일이 생길까요? 세포가 터질 수 있습니다. 세포가 죽는다는 이야기입니다.
5. **DNA 파괴:** 생명체가 살아가려면 인슐린과 같은 화합물을 만들어야 할 때도 있고 음식물에 있는 탄수화물, 지방, 단백질을 분해해야 할 때도 있습니다. 세포 속에는 이러한 화합물의 합성이나 분해를 할 수 있는 수많은 종류(무려 75,000종 이상이 존재합니다)의 효소 단백질을 만들어 낼 수 있는 DNA라는 유전 물질이 있습니다. 만약 DNA에 담겨 있는 소중한 정보가 어떤 이유든 지워져 버리거나 잘못된 정보로 바꿔치기가 되었다면 어떻게 될까요? 필요한 화합물을 제때 만들어 내지 못하거나 분해를 제대로 못 하기 때문에 큰 문제가 생기겠지요? 암이 생길 수도 있고요. DNA의 구조를 파괴하는 그 어떤 것도 독이 될 수 있다는 이야기입니다.
6. **효소 생성 방해 및 구조 파괴:** 효소는 아미노산 분자들의 사슬이 3차원으로 꼬여 있는 단백질이지요. 그리고 많은 경우에 아연이나 마그네슘, 철과 같은 금속 이온들이 이런 3차원 구조를 잘 유지할 수 있게 해 주고 실제로 효소 반응이 일어나는 자리 역할도 해 줍니다. 효소를 만들 수 있는 아미노산이나 금속 이

온이 충분히 공급이 안 된다든지 하여 효소를 충분히 공급하지 못하거나 효소의 구조가 변형되어 버려서 더 이상 작동을 못 한다면 세포는 죽고 말 것입니다.

7. **혈당 수치 증가:** 탄수화물을 섭취하면 혈당이 높아집니다. 혈당이 높아지면 인슐린이 분비되고 인슐린들은 세포들에게 당을 흡수하라고 명령합니다. 그런데 만약 체내에 인슐린이 없다면, 세포가 인슐린의 말을 안 듣는다면 어떤 일이 생기나요? 혈액 속에는 당이 그대로 있게 되고 사람을 서서히 죽이는 당뇨가 생기겠지요?

어떤 독은 오랜 기간 동안 서서히 작용하고 어떤 독은 즉각적으로 몸에 영향을 끼칩니다. 어떤 독은 열에 약하고 어떤 독은 가열을 해도 분해되지 않고 독성이 사라지지 않습니다. 어떤 독은 뱀이나 전갈, 말벌과 같은 녀석들에게 물리거나 쏘여서 우리 몸에 들어오고 어떤 독은 우리가 먹는 음식 속에 숨어 있습니다. 때로는 분명히 몸에 좋은 성분인데 너무 많이 먹어서 독이 되는 경우도 있습니다. 무심코 만지는 물건에도 독이 있을 수가 있습니다. 동물들에게 물리거나 쏘이는 것은 어쩔 수 없는 천재지변과 같은 일이지만 우리가 먹는 것에 들어 있는 독을 잘 알지 못하여 몸에 문제가 생

어떤 독은 숨어 있다

긴다면 참으로 어처구니가 없는 일이겠지요?

우리를 아프게 하는 독, 그리고 독을 가지고 있는 음식과 독을 만들어 내는 행위에 대해 하나하나 정리를 해 보도록 합시다.

게으른 자를 위한 화학 TIP

여러 가지 독 중에서도 음식에 숨어 있는 독이 제일 무서운 듯합니다. 설탕이 그 대표적인 예가 되겠지요. 조금 먹는 것은 큰 문제가 없겠으나 많이 그리고 오래 먹으면 당뇨라는 무서운 병이 찾아올 수도 있으니까요. 카페인도 마찬가지입니다. 커피에 들어 있으면서 우리의 아침을 깨울 수도 있지만 어떨 때는 심장마비를 불러옵니다. **우리의 몸 전체가 화합물이고 따라서 당연히 우리 몸에 들어오는 음식이라는 형태의 화합물로부터 영향을 받는다**는 사실을 꼭 기억합시다.

6

우리를 숨 막히게 하는 독

연탄으로 난방을 하던 시절 단골손님처럼 뉴스를 장식하던 소식이 있었습니다. '일가족이 일산화탄소 중독으로 사망하였다'가 바로 그것인데 대체 일산화탄소는 왜 우리를 숨 막히게 할까요? 우리의 적혈구 속에는 헤모글로빈이라는 단백질이 있는데 이 안에는 헴heme이라는 납작한 분자가 숨어 있어요. 이 분자의 한가운데에 철의 이온(Fe^{2+})이 있고요. 이 철 이온은 허파에서 산소 분자를 만나면 그것을 붙여서 몸속 구석구석까지 전달해 주는 역할을 합니다. 그런데 일산화탄소(CO)는 산소 분자보다 수백 배 더 강하게 철 이온에 들러붙습니다. 말 그대로 일당백이지요. 일산화탄소가 붙어 버린 적혈구는 산소 분자가 주변에 와 봤자 소용이 없습니다. 숨을 쉬어도 산소 분자가 적혈구에 붙지 못하는 상황이 와서 질식되니까요. 중독이 심한 경우는 고압의 순수한 산소를 일산화탄소에 중독된 사람의 폐에 불어 넣어야만 환자를 살릴 수 있습니다.

청산가리라는 이름으로 잘 알려진 사이안화칼륨에 있는 CN^-는 일산화탄소와 전자의 개수가 동일한데 흥미롭게도 하는 일도 거의 비슷합니다. 사이안화 음이온도 일산화탄소와 마찬가지로 헤모글로빈에 있는 철 이온에 아주 강하게 결합을 해 버립니다. 산소가 와도 소용이 없지요.

적혈구가 운반한 산소는 우리의 세포가 사용을 할 때 미토콘드리아에 들어 있는 사이토크롬 C 산화효소 속에 있는 철 이온으로 옮겨 가야 해요. 그런데 일산화탄소 분자나 사이안화 음이온은 사이토크롬 C 산화효소 속에 있는 철 이온에도 달라붙어 아무 일도 못 하게 합니다. 결국 우리의 세포는 산소를 사용할 수가 없어서, 즉 숨을 쉬지 못해서 죽고 말게 되는 것입니다.

이와 같이 적혈구 내의 철 이온이나 미토콘드리아 내의 사이토크롬 C 산화효소 내의 철 이온에만 붙어 그 전체적인 구조를 변화시키지 않고 사람을 질식시켜 죽이는 독도 있지만 다른 방식으로도 사람의 숨은 막힐 수 있습니다. 예를 들어 기도에 들어와서 기도를 심하게 부풀어 오르게 만드는 알레르기 물질도 독이지요. 기도가 막히면 숨을 쉴 수 없어 산소 공급이 안 되니 사망에 이를 수 있잖아요.

한편 코로나 감염이 최고조이던 시절, 집 청소를 할 때 락스와 식초를 섞어서 사용하는 사람들도 있었습니다. 이때 매캐한 염소 기체가 발생했는데 참으로 위험한 행동이었지요. 소량의 염소 기체의 경우는 호흡기가 따가운 정도에 그치지만 많은 양의 염소 기체가 폐로 들어오면 폐세포가 심각하게 부풀어 오르고 물집이 잡히고 터지게 됩니다. 허파 내부에 물이 차오르게 되니까 폐세포들이 물속에 있는 셈입니다. 물속에서 숨을 쉬면 익사하게 되잖아요?

세상에는 아주 다양한 종류의 독이 있고 이 독들 중에는 물집이 심하게 잡히게 하는 것들도 있습니다. 이런 독은 우리를 물속에 빠트려 질식하게 만드는 무서운 독이니까 건드렸을 때 피부에 물집이 잡히는 물질은 절대로 우리의 호흡기로 들어가게 하면 안 되겠습니다.

적혈구 내에 있는 철 이온이 제 역할을 못 하게 하거나, 기도를 막아 버리거나, 폐에 물이 차게 하는 무서운 독들, 잘 알고 잘 피해야겠습니다.

게으른 자를 위한 화학 TIP

난방 보일러의 연통에서 일산화탄소가 샐 수 있습니다. 또한 창문을 닫아 둔 채 가스레인지로 요리를 하면 집 안에 이산화탄소와 일산화탄소 농도가 올라갈 수 있습니다. 락스와 같은 자극성 물질을 문을 닫은 채로 사용하면 안 되고, 구연산이나 식초와 락스를 섞어도 유독성 기체가 발생해서 안 됩니다. 곰곰이 생각해 보면 누구나 그 이유를 알지만 때로는 깜빡하고 실수를 저지르는 것이 인간입니다. 따라서 건강에 중요한 것은 자꾸 외우고 생활에서 적용해야 합니다. 그래야 실수의 빈도를 줄이고 건강을 지킬 수 있습니다.

7

세포 간 신호 전달 체계 파괴

우리의 세포는 세포막에 의해 외부로부터 보호되고 있습니다. 세포막은 인지질이라는 계면 활성제가 2개의 층으로 되어 있는데 세포막의 중간 부분은 기름 성분으로 물이나 물에 녹는 물질이 통과를 하지 못하게 되어 있지요. 세포가 살아가기 위해서 양분도 세포 안으로 넣어야 하고 나트륨, 칼륨, 칼슘 양이온과 같은 전해질도 세포 안팎으로 이동할 수 있어야 합니다. 이런 전해질은 물에 녹는 것이기 때문에 평범한 방법으로는 세포 밖에서 안으로 또 안에서 밖으로 전달할 수가 없습니다. 그래서 세포는 아주 기발한 장치를 개발하게 되지요. 바로 양이온 채널이라는 것을 만들어서 양이온을 전달할 수 있게 한 것입니다. 나트륨 이온을 전달하는 나트륨 채널, 칼륨 이온을 전달하는 칼륨 채널, 칼슘 양이온을 전달하는 칼슘 채널, 이렇게 양이온마다 채널을 따로 만들어서 선택적으로 원하는 양이온만 통과를 시킵니다.

심장으로 한번 가 봅시다. 심장은 일정한 패턴으로 수축과 팽창을 반복하지요? 그러면서 심장 박동을 만들어 냅니다. 심장의 어느 한곳에서 심장 근육 세포들이 수축하고 팽창하면 이 수축과 팽창 패턴이 바로 옆 근육 세포로 이동하게 되지요. 이러한 심장 세포의 수축과 팽창에는 세포의 막 안쪽과 바깥쪽에 있는 양이온의 양이 아주 중요한 역할을 합니다. 간단히만 이야기하면 세포는 양이온들을 세포 밖으로 많이 보내 버린 상태를 가지다가 이런 양이온들을

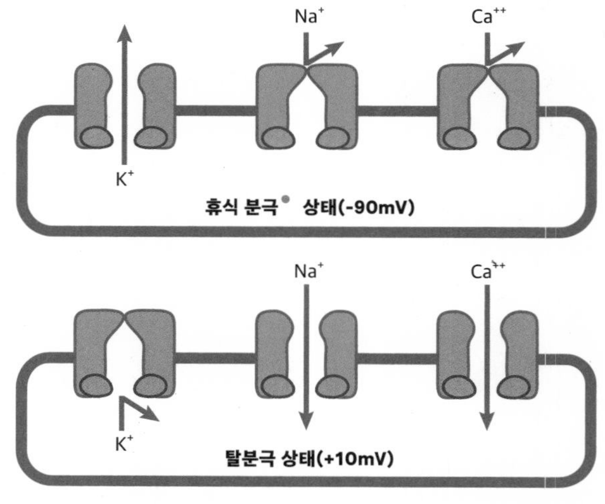

심장 근육 세포 안팎의 이온 채널들

● 분극이란 세포 안팎의 양이온 농도 차이가 일정 기준 이상으로 나 있는 상태를 말하며, 탈분극 상태는 근육이 수축되는 과정을 야기한다.

다시 세포 속으로 받아들이고, 그다음에 다시 이들을 밖으로 내보내는 과정을 반복합니다. 이 과정 중에 세포 속에 있는 칼슘 이온을 이용하여 세포는 수축과 팽창을 할 수 있습니다.

동식물이 가지고 있는 독 중에는 이런 양이온 채널 중에서 나트륨 채널을 막아 버리는 것도 있어요. 심장의 근육이 뛰려면 나트륨이 세포 안팎으로 원활하게 이동해야 하는데 그것이 원천적으로 막혀 버리니까 세포의 막을 통한 양이온 이동이 중지되고 그 결과 수축과 팽창이 불가능해지겠지요? 한마디로 심장의 근육이 축 늘어지는 것이지요. 심장이 뛰지 않으면 산소를 가지고 있는 피를 몸 곳곳으로 보낼 수가 없으니 세포는 결국 질식해서 죽고 마는 것입니다.

사형수의 사형을 집행하는 방법 중 하나가 KCl(염화칼륨) 같은 물질을 정맥에 주사해서 혈액 내의 칼륨 이온의 농도를 아주 높이는 것입니다. 우리의 세포는 쉴 때 세포 속에서 바깥으로 양이온들을 배출하고 세포 속에는 낮은 양이온 농도를 유지합니다. 그런데 KCl과 같은 물질을 주사하여 혈액 내의 칼륨 이온 농도가 너무 높아지면 세포 속에서 바깥으로 칼륨 이온을 배출하는 과정이 방해를 받게 됩니다. 그 결과 심장 근육의 수축과 팽창이 충분히 이루어지지 않게 되고 심장 근육은 부르르 떨다가 그만 멈추어 버리게 됩니다.

그뿐만이 아닙니다. 우리의 세포에는 한 번에 나트륨 이온 3개를 세포 밖으로 배출하고 동시에 칼륨 이온 2개를 세포 안으로 넣어 주는 나트륨-칼륨 펌프가 있어서 세포에 너무 많은 물이 차지 않게 삼투압을 조절해 줍니다. 그런데 이런 나트륨-칼륨 펌프가 고장이 나면 어떻게 될까요? 그렇죠. 세포 속에 물이 계속 들어와서 세포가 부풀어 올라 결국 터질 수도 있습니다.

세포의 신호 전달에는 세포 안팎의 양이온의 균형이 아주 중요합니다. 세포막에 꽂혀 있는 양이온 채널을 막아 버리는 물질은 당연히 아주 조심해야 하겠고 우리 몸 전체의 전해질 밸런스도 잘 맞추어야 하겠습니다.

게으른 자를 위한 화학 TIP

한반도의 기후가 따듯해지면서 예전에는 보지 못하던 독을 가진 생물들이 바다에 출현하기 시작했습니다. 뱀도 더 살기 좋은 기후가 되고 있고요. 독을 가진 생물 중에는 세포의 신경 전달을 방해하는 독을 가지고 있는 녀석들도 있습니다. 야외 활동을 할 때 그 장소에 어떤 위험이 있는지 미리 파악하는 것이 좋겠습니다.

8

뇌를 혼돈스럽게 하는 물질들

근육 세포들 간의 신호 전달에 양이온 채널이 중요하다는 것을 배웠습니다. 신경 세포들 간의 신호 전달에도 양이온 채널의 정상 작동이 참 중요하겠지요? 우리 몸에 가장 많은 신경 세포는 뇌와 척수에 있습니다. 그러므로 나트륨 채널, 칼륨 채널, 칼슘 채널의 작동을 방해하는 물질은 모두 뇌와 척수에 독이 되겠지요? 나트륨 채널을 막는 복어의 독, 칼슘 채널을 막는 뿔고둥 독은 사람의 몸에 주입되면 신경 전달을 막아 버려서 사람을 마치 악천후에 자동 항법 장치가 고장이 난 비행기처럼 만들어 버립니다.

원래 우리의 뇌에는 외부의 물질들이 함부로 침투하지 못하게 하는 BBBBlood-Brain Barrier라는 방어막이 있습니다. 하지만 CH_3Hg^+메틸화수은 양이온는 이러한 방어막을 무력화하고 뇌로 침투할 수 있지요. 뇌로 침투한 메틸화수은 양이온은 뇌세포 속에 있는 효소 단백질의 구조를 변형시키고 이들이 정상적으로 작동하는 것을 방해합니다. 그러므로 **수은**은 뇌에 강력한 독으로 작용하게 되지요.

납은 칼슘 이온이 이동하는 통로를 몰래 사용하며 칼슘 대신 뇌세포에 축적될 수 있어요. 뇌세포를 파괴할 뿐만 아니라 칼슘 이온의 행동을 따라 하며 뇌세포 신호 전달 물질들의 정상적인 분비를 방해하여 뇌가 제대로 작동하는 것을 방해합니다.

비소 중독은 고전과 역사 속에 단골로 나오는 살인 방법이지요. 비소는 신경돌기의 생성 과정을 방해하여 신경의 이동과 신경 세포의 정상적인 형태로의 성장을 방해한다고 알려져 있지요. 또한 세포 내의 칼슘 이온 농도를 높여서 세포가 죽도록 유도하고 세포 바깥에 있는 세포외기질의 형성을 방해하기도 합니다. 한마디로 뇌세포가 정상적으로 성장하지 못하게 하고 죽이는 뇌의 독입니다.

신경 세포에는 마치 야구 글러브가 공을 붙잡을 수 있듯이 특정한 분자를 붙잡을 수 있는 수용체들이 있습니다. 우리 몸에 원래 존재하던 분자를 흉내 내는 분자들이 이러한 신경 세포의 수용체에 강하게 결합하면 온갖 문제가 생깁니다. 예를 들어 미세 조류에서 나오는 **아나톡신-a**anatoxin-a가 근육 세포에 신호를 전달하는 신경 세포에 결합하면 계속 근육을 수축하라는 명령을 내리게 되지요. 이러한 뇌와 근육 간의 신호 전달 오류 때문에 몸의 근육들은 수축하기만 하여 숨을 쉬지 못하게 되고 아주 빨리 죽게 됩니다. 유사한 일을 하는 독으로 크레이트 뱀banded krate snake이 가지는 **분가로톡신**bungarotoxin이 있지요. 아마존 원주민들이 식물에서 채취하여 독화살에 바르는 **큐라레**curare도, 카람볼라라는 과일에 있는 **카람복신**caramboxin도 신경 세포의 수용체에 결합하여 사람의 몸에 심각한 문제를 일으키는 독입니다.

도파민이라는 호르몬은 뇌세포 간의 신호를 전달하는 물질입니다. 마약 중에 **코카인**cocaine은 아주 강한 신경 자극을 만들어 낸다는 것은 다들 잘 알고 있습니다. 대체 왜 그런 강한 자극이 만들어질까요? 신경 세포 간의 신호를 전달한 도파민은 다시 원래 자리로 돌아가는데 그 돌아가는 길을 어떤 물질이 막아 버리면 어떤 일이 생길까요? 코카인이 바로 그러한 역할을 합니다. 즉 방출된 도파민이 돌아가야 할 자리에 떡하니 버티고 있으니 도파민은 다시 도파민 수용체로 가서 결합하게 되니 아주 강한 자극이 생기는 것이지요. 문제는 우리 몸은 이러한 마약에 의해 강해진 자극에 익숙해진다는 것입니다. 다시는 원래의 정상적인 상태로 돌아갈 수 없게 되지요. 그러므로 코카인, **모르핀**morphine, 최근에 문제가 심각한 **펜타닐** fentanyl 등의 약물들은 뇌의 정상적인 신호 전달 체계를 완전히 바꾸어 버리는 강력한 신경독이라고 할 수 있겠습니다.

많은 경우 뇌를 망치는 독은 음식물을 통해서 부지불식중에, 그리고 어쩔 수 없는 사고에 의해서 우리 몸으로 침투합니다. 그러나 마약을 투여하여 쾌락을 추구하는 것은 적극적으로 독을 자신의 뇌에 투입하는 행위라는 것을 잘 알아야 하겠습니다. 수은 중독이 되었다고 감방에 가지는 않지만 펜타닐을 복용하다 걸리면 징역형에 처해지는 것은 다 이유가 있습니다.

게으른 자를 위한 화학 TIP

펜타닐 중독자들이 길에서 좀비처럼 멈추어 있는 모습을 매스컴 등에서 보셨을 것입니다. 약물 중독의 끝은 결국은 비참한 죽음밖에 없습니다. 마약은 절대로 손을 대면 안 됩니다. 대는 순간 비참한 죽음을 예약한 것이라고 생각해야 합니다.

9

세포막 구조 파괴와 변형

산소를 들이마셔도 철 이온에 사이안화 음이온이나 일산화탄소가 강하게 붙거나, 기도가 막히거나, 허파의 세포가 물에 잠겨 버리게 되면 사람의 세포는 산소를 공급받지 못하여 질식하여 죽습니다. 그런데 적혈구 자체가 터져 버려도 피를 통해 산소를 운반할 방법이 없어지게 되니 세포가 산소 공급을 못 받고 죽게 되겠지요.

박테리아나 바이러스 중에는 우리의 적혈구에 달라붙어 적혈구의 막에 구멍을 뚫어서 터트리는 단백질이나 계면 활성제를 내뿜는 것들도 있습니다. 이런 물질을 용혈소hemolysin라고 부르는데 사람이 숨을 쉬어도 그 산소를 세포로 전달해 줄 적혈구를 터트려 없애 버림으로써 결국 질식으로 사망하게 만드는 무서운 독이지요. 해파리의 독에도 이러한 성분이 있어요. 해파리에 쏘이게 되면 심한 경우 핏속의 적혈구들이 다 터져 버려서 결국 숨을 못 쉬게 되어 죽게 될 수도 있습니다.

앞서 말했듯 사람의 세포는 인지질이라는 계면 활성제로 이루어진 이중층을 가지고 있지요. 여기서 중요한 것은 '계면 활성제'라는 단어입니다. 우리가 몸을 씻기 위해 쓰는 비누나 세정제, 식기 세척과 빨래를 하기 위한 세제에도 다양한 구조의 계면 활성제가 달려 있습니다. 계면 활성제는 크게 보면 한쪽은 물을 좋아하는 구조이고 다른 쪽은 기름을 좋아하는 구조로 되어 있는 야누스와 같은 구조를 가지지요. 인지질 분자와 그다지 다르지 않은 형태이기 때문에 인지질 분자 자리에 세제에 있는 계면 활성제가 끼어 들어갈 수 있습니다. 그런데 이 분자들이 인지질은 아니죠. 그렇다 보니 세포막의 구조와 성질에 변화가 생기는 것입니다.

생명체에 들어 있는 구조들이 변형되는 것은 절대 좋은 일이 아닙니다. 계면 활성제가 아주 많이 세포와 접촉하면 세포가 터져 버릴 수도 있습니다. 계면 활성제의 구조에 따라 그 독성은 다르지만 적은 양이라고 해도 세포의 막에 끼어 들어가면 세포막에서 조립되어 만들어지는 단백질들이 제대로 구조를 못 갖추게 될 수도 있고 따라서 세포 내에서 정상적으로 일어나야 하는 일들이 일어나지 못할 수도 있지요. 건강에 문제를 일으킬 수 있다는 것입니다.

굳이 세포의 구조를 바꾸고 세포 내에서 일어나는 일을 방해하지 않아도 계면 활성제가 건강에 문제를 일으킬 수 있는 경로가 존재합니다. 만약 계면 활성제가 폐로 들어오면 어떻게 될까요? 비누를 손에 묻히고 비비면 거품이 나지요? 똑같은 일이 사람의 허파에서 일어날 수 있어요. 거품이 나서 폐를 덮어 버리면 심한 경우 숨을 못 쉬게 되어 질식될 수도 있겠습니다. 가습기에 계면 활성제를 넣고 그것을 에어로졸로 만들어 뿌리는 것은 이러한 방법으로 건강을 해치게 되는 것입니다.

약 중에는 일부러 세포막의 구조를 파괴하게 하는 약도 있습니다. 바로 항생제가 그러하지요. 항생제 중에는 박테리아의 세포벽에 구멍을 뚫는 기능이 있어서 박테리아가 죽게 합니다. 박테리아 중에는 사람의 적혈구나 세포에 구멍을 뚫어 자신들이 증식할 환경을 만드는 녀석들이 있는데, 우리는 박테리아의 세포벽을 뚫어 세균을 죽이려고 하는 것이지요. 사람과 박테리아의 전쟁에는 세포에 구멍을 뚫는 기술이 참 중요한 셈입니다.

게으른 자를 위한 화학 TIP

산소를 전달하는 역할을 하는 적혈구에 구멍이 나서 터지게 되면 우리 몸은 더 이상 산소를 세포에 전달할 수가 없습니다. 이런 경우 결국 세포는 산소 호흡을 못 하게 되니까 일산화탄소에 중독되어 질식되는 것과 같은 결과를 맞게 됩니다. 세포를 터트릴 위협 요소인 박테리아나 계면 활성제를 적극적으로 피해야겠습니다.

물놀이를 할 때 해파리 주의보를 유심히 보고, 마약을 절대 하지 않으며(남이 쓰던 주사기를 돌려 쓰면 에이즈와 같은 질병과 유해한 박테리아의 감염 위험이 매우 높아집니다), 독성이 높은 계면 활성제 스프레이를 만들어 쓰지 않는 현명함이 필요합니다.

10

암을 만드는 독

어떤 세포든지 그 속에 들어 있는 유전 물질, 즉 DNA의 염기 서열에 적혀 있는 정보를 이용하여 효소 단백질을 만듭니다. 우리 몸속에는 적어도 75,000종 이상의 효소가 들어 있는데 이 효소들은 우리가 살아가는 데 꼭 필요한 화합물들을 만들거나 분해하여 주지요. 필요한 물질을 잘 만들지 못한다면, 필요해도 너무 많이 만든다면, 독성 물질을 잘 분해하지 못한다면, 소화를 잘 못 시킨다면 우리 몸이 아파지는 것은 당연한 이야기입니다.

암세포란 주변 정상 세포들이 먹어야 하는 양분을 다 빼앗아 먹으면서 무한히 증식하여 몸에 문제를 일으키는 세포지요. 다른 세포들과 다 똑같으나 한마디로 정신이 나간 세포라고 생각하면 될 것입니다. 암세포는 영양분을 흡수하고 쪼개는 능력이 아주 뛰어나지요. 오로지 자신이 먹고 증식하는 것에만 신경을 쓰고 주변 세포들의 안위에는 전혀 신경을 쓰지 않는 이기적인 녀석입니다. 많은 경우 암은 즉각적으로 사람을 죽이지는 않습니다. 하지만 암은 크나큰 금전적인 손해를 불러오고 항암 치료를 받아야 하는 환자의 삶의 질은 크게 낮추는, 무서운 병이지요.

암세포는 왜 암세포가 되었을까요? 암세포는 세포 속에 들어 있는 DNA의 염기 서열에 문제가 생겨서 발생하여 이상한 행동을 합니다. 그러면 DNA 염기 서열은 언제 문제가 생길까요? 높은 에너지를 가지는 자외선이 DNA를 일부 파괴하는 상황을 생각해 봅시다. 그러면 세포는 손상된 DNA를 빨리 수리해야겠지요? 그런데 수리를 하다가 실수를 하면 어떻게 될까요? 잘못된 염기 서열이 DNA에 생기게 되겠지요. 그것을 우리는 돌연변이라고 부르고 돌연변이 중 일부는 몸에 아주 나쁜 영향을 끼치는 암세포가 되어 버리는 것입니다.

높은 에너지를 가지는 빛들, 자외선, 엑스선, 감마선은 모두 암을 유발할 수 있습니다. 높은 열도 마찬가지로 세포의 DNA의 손상을 불러올 수 있어요. 뜨거운 음식은 식도에 있는 세포들을 자극하고 DNA의 손상을 불러올 수 있지요. 그래서 높은 에너지를 가지는 빛이나 뜨거운 음식은 암을 부르는 독이 됩니다. 매연 속에 있는 질소 산화물이 강한 자외선을 만나면 오존을 만듭니다. 오존은 복사기에서도 생성이 됩니다. 이 높은 에너지를 가진 분자 오존은 산소 분자와 산소 라디칼로 분해되는데 높은 에너지를 가지는 산소 라디칼은 우리의 호흡기 세포들을 파괴하고 세포 속 DNA를 파괴할 수 있습니다.

분자들 중에는 DNA의 이중 나선 구조에 끼어 들어가면서 DNA의 구조를 불안정하게 만드는 것들이 있습니다. 탄 음식에 들어 있는 벤조피렌 등의 PAH 분자가 그 대표적인 예입니다. 고사리에 들어 있는 프타퀼로사이드는 DNA의 옆 귀퉁이에 붙어서 DNA의 정상적인 작동을 방해합니다.

높은 에너지를 가지는 빛, 높은 온도의 음식, 탄 음식에 들어 있는 벤조피렌, 고사리에 들어 있는 프타퀼로사이드 등은 암을 유발하는 요인들이니 잘 피하도록 합시다.

게으른 자를 위한 화학 TIP

암은 세포 속에 들어 있는 DNA의 염기 서열이 바뀌어 생기는 것입니다. 누구나 살아가면서 이 염기 서열은 조금씩 바뀔 수 있는데 운이 나쁘게 생존에 아주 중요한 염기 서열이 바뀌어 버리면 암이 생기는 것이지요. '내 나이 60까지 담배를 피워도 암에 안 걸렸어', '내가 말술이잖아, 그래도 간암 안 걸렸어'와 같은 말을 하는 것은 스스로의 무식함을 뽐내는 것일 뿐입니다. 운 좋게 암이 생기지 않은 것일 뿐이니 본인의 행운에 감사하는 마음을 가지고 조심해야겠습니다. 암이라는 로또는 언제든 찾아올 수 있으니 자만하면 안 됩니다.

11

효소를 생기지 않게 하거나 파괴하는 독

효소는 아미노산들이 사슬처럼 주렁주렁 엮어져서 만들어 내는 단백질입니다. 이 효소들은 우리 몸에서 필요한 물질을 만들기도 하고, 음식물이나 필요 없는 물질을 분해하기도 합니다. 우리 몸속에는 적어도 75,000종 이상의 효소가 있다고 했는데 그 말은 이 많은 효소를 충분히 잘 만들어 내는 능력이 있어야 우리가 건강할 수 있다는 뜻입니다.

효소를 잘 만들고 효소를 이용하여 우리가 살아가는 데 필요한 화합물을 만들기 위해서는 충분한 단백질, 지방, 탄수화물, 비타민 그리고 무기질이 우리 몸에 음식물의 형태로 들어와야 합니다. 직전의 문장에서 '충분한'이라는 단어가 눈에 띄었나요? 네, 맞습니다. 효소를 만들려고 해도 필수 아미노산이 부족하다든지 아연 이온이 부족하다든지 하면 우리 몸이 원하는 효소를 잘 만들 수 없겠지요?

바로 그렇기 때문에 영양소의 결핍은 우리 몸에 독으로 작용합니다. 건강을 위해서 채식 식단을 아주 엄격하게 따르는 분들의 경우나 인스턴트식품만 주로 먹게 되는 경우 부족한 영양소가 생길 수 있습니다.

어떤 물질은 우리 세포의 정상적인 작동을 방해하여 효소 단백질이 전혀 생기지 않게 만들 수도 있습니다. DNA에 있는 정보를 이용하여 단백질을 합성하려면 리보솜 RNA가 아미노산들을 연결시켜야 해요. 그런데 아주까리(또는 피마자) 씨앗에 들어 있는 리신이라는 화합물은 리보솜 RNA를 꽉 붙들고 놓아주지를 않아서 리보솜 RNA가 전혀 일을 못 하게 합니다. 그러면 결국 세포는 몸에 필요한 효소 단백질을 만들 수가 없어서 즉각 죽고 맙니다.

한편 효소를 잘 만들어 두었는데 이 효소가 망가질 수도 있습니다. 예를 들어서 아연 이온이 들어가 있는 효소에 우리 몸이 원하지 않는 수은 이온이 들어간다면 어떻게 될까요? 수은 이온이 단백질에 있는 황 원자들을 붙잡아 당기면서 효소의 구조를 변형시킬 수 있는데 이렇게 되면 효소는 더 이상 자신이 원래 할 수 있던 일을 할 수 없게 됩니다.

단백질은 높은 온도에서 그 구조가 변할 수 있습니다. 이를 변성이라고 하지요. 뜨거운 음식물을 삼켜서 식도가 화상을 입게 되면 상피 세포 속에 있는 효소들은 변성이 되어 버려서 자신의 역할을 하지 못하고 그 세포는 결국 죽게 됩니다. 물론 높은 온도에서 세포

벽이 변형되고 물이 다 빠져나와서도 세포는 죽겠지만요.

우리 몸에 필요한 영양소를 충분히 섭취하고, 효소 단백질의 합성을 방해하거나 효소 단백질을 파괴하는 리신, 수은, 뜨거운 음식 등을 잘 피해야겠지요?

게으른 자를 위한 화학 TIP

우리가 일반적으로 효소라 그러면 음식에 들어 있는 소화 효소를 말하는 것입니다. 하지만 효소는 우리 몸속에서도 수많은 종류가 만들어지고 있고 이런 효소들은 세포 속에 있습니다. 소위 '효소 식품'을 먹으면 만사형통이라는 생각은 하지 않았으면 좋겠습니다.

12

우리도 모르게
우리를 갉아먹는 당

우리는 단맛을 참 좋아합니다. 단맛을 내는 음식에는 당연히 포도당, 과당, 설탕과 같은 당이 들어 있을 것이고 이런 당을 먹으면 에너지가 나서 살아갈 수 있기 때문이지요. 우리의 조상이 나무 위에서 살 때, 그리고 용기를 내어 땅으로 내려와서 살 때 단맛을 내는 과일은 참으로 고마운 존재였을 것입니다. 가만히 손을 내밀어 따고 베어 물기만 하면 열량을 섭취할 수 있었으니까요. 다른 동물을 잡기 위해 목숨을 걸고 싸울 필요도 없으니 얼마나 평화롭나요?

인간의 유전자에 깊이 각인된 단것에 대한 갈망은 시대가 변하여 주변에 먹을 것이 넘쳐도 그대로 유지되는 중입니다. 프랜차이즈 빵집에 가면 달콤한 디저트가 넘치고, 카페를 가도 시럽 통에서 당이 '날 짜내라' 하며 우리를 기다립니다. 마트에는 달콤한 과자들이 넘치고 심지어 음식점들은 서로 손님을 빼앗아 오기 위해 음식에 설탕을 쏟아붓습니다.

당은 탄소-탄소와 탄소-수소 결합을 많이 가지고 있는 분자로 이들 결합 속에 에너지를 숨겨 놓고 있지요. 우리가 산소를 호흡하면 이런 당 분자에 있는 결합들은 탄소-산소, 산소-수소 결합과 같이 에너지가 낮은 결합으로 바뀌면서 에너지를 열량의 형태로 내어놓습니다. 우리는 그 에너지를 이용하여 걷고, 말하고, 체온을 유지하고, 몸속에서 수많은 종류의 화합물을 만들며 살아갑니다.

당이 몸에 들어오면 인슐린은 세포들보고 당을 흡수하라는 명령을 내립니다. 그러면 세포들은 당을 받아들여서 자신들이 살아가는 데 에너지로 사용하거나 중요한 화합물을 만드는 데 사용하지요. 하지만 너무나 많은 당을 지속적으로 섭취하면 췌장은 인슐린을 많이 만들어 내기 위해 많은 고생을 하게 되겠지요. 그러다 보면 췌장이 완전히 망가지고 인슐린이 더 이상 생성되지 않을 수 있습니다. 인슐린이 세포보고 당을 흡수하라는 명령을 못 내리면 세포는 당을 흡수하지 못하고 제대로 생명 활동을 하지 못하게 되지요. 또한 당은 수소 결합을 통해서 물을 많이 붙잡기 때문에 혈액이 아주 끈적해지게 됩니다. 이 끈적거리는 혈액을 몸에서 돌리기 위해서는 심장은 더 힘차게 펌프질을 해야 하고 그러다 보면 결국 혈관이 딱딱해지는 동맥경화가 일어날 수 있지요. 보습제 성분이 수소 결합으로 수분을 붙잡으면 우리 피부를 보호하지만 우리 몸속에서 설탕이 수분을 붙잡으면 혈관을 딱딱하게 만드는 독이 되는 것입니다.

설탕을 많이 먹는 사람이 모두 당뇨에 걸리는 것은 아닙니다. 하지만 식단이 서구화되지 않았던 그리고 음식이 지금처럼 지천에 널려 있지 않았던 시대와 비교하여 우리나라의 당뇨 환자는 아주 많아졌지요. 2000년대에 들어서는 가파르게 그 수가 증가하고 있습니다.

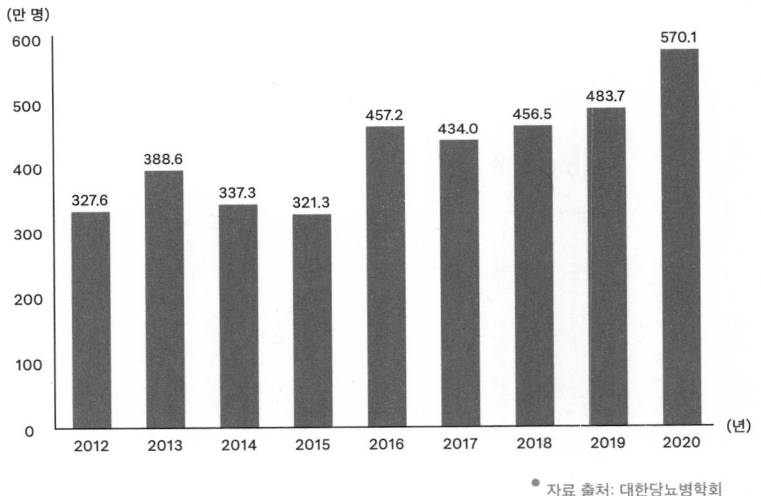

우리나라 당뇨 인구 변화

어린 나이에 당뇨에 걸리는 경우는 아주 드물고 나이가 들었을 때 당뇨가 나타나는 것이 일반적입니다. 몸에 해를 끼치는 것이 아주 오랜 기간 동안 일어나기 때문에 설탕은 느리게 작용하는 독이

- 자세한 내용은 대한당뇨병학회의 〈DIABETES FACT SHEET IN KOREA 2022〉 참고.

라고 생각할 수 있겠습니다. 우리가 먹는 것이 독이 되는 대표적인 예라고 할 수 있겠네요.

카페에서 시럽을 짜기 전에, 설탕 범벅인 디저트를 들기 전에, 설탕으로 맛을 내는 '맛집'을 찾아가기 전에 당이 내게 무슨 일을 할 것인지에 대해 한번 더 생각해 보아야겠습니다.

게으른 자를 위한 화학 TIP

당은 아주 은밀한 살인자입니다. 하지만 수많은 음식점에서, 특히 맛으로 승부하는 배달 음식에 정말 많은 양의 설탕이 쓰이고 있습니다. 당의 위협을 인지하고 좀 덜 달아도 건강에 좋은 음식을 찾아보면 좋겠습니다. 그러다 보면 담백한 음식에서도 진정한 맛을 찾을 수 있고 당뇨와 비만을 피할 수도 있을 것입니다.

게으른 자가 건강해지는
독 탈출 Q&A

Q. 어떤 독은 만지기만 해도 위험하고 어떤 독은 만져도 문제없나요?

A. 이건 중요한 거야. 잘 들어. 피부는 우리 몸을 외부로부터 보호하는 방어막이야. 작은 분자로 이루어진 독은 피부를 뚫고 들어오거나 호흡기로 들어올 가능성이 높아. 위험하지. 하지만 커다란 단백질로 이루어진 독, 예를 들어 뱀독에 있는 신경독 같은 것은 피부에 발라져도 피부를 뚫고 들어오지 못해. 하지만 상처가 있으면 상처를 통해 들어올 수 있으니 독은 피하는 게 상책이야.

Q. 복어 독은 끓여도 독성이 날아가지 않는다고요? 헷갈려 죽겠어요.

A. 독 분자가 작으면 끓여도 독성이 변하지 않는다고 생각하면 편해. 근데 독 분자가 작은지 큰지 잘 모르겠다고? 그때는 쉬워. 남들이 안 먹으면 먹지 마. 왜 남들 안 먹는 것을 굳이 시도하려고 그래? 지하철 줄 잘 서잖아. 먹을 때도 그렇게 해.

Q. 고사리를 삶은 물에 좋은 영양소가 다 들어 있을 것 같은데 버리기가 아까워요. 이걸 어디에 쓸데가 없을까요?

A. 고사리에 든 독성분은 분자가 작아. 끓여도 분자가 파괴되지 않고 독성도 그대로야. 그러니 미련 떨지 말고 그냥 좀 버려. 왜 그리 아까워하는 거야?

Q. 닿았을 때 피부에 물집이 생기게 하는 물질은 왜 위험한가요?

A. 폐로 이 물질이 들어왔다고 생각해 봐. 허파 안에서 물집이 잡히고 터지고 난리가 날 거야. 물속에 빠져 있는 세포가 산소를 받을 수 있겠어? 숨이 막혀서 죽겠지? 이런 물질은 조금씩 들어와도 문제지. 세포를 서서히 망가트려서 결국 호흡기에 심각한 병이 생기게 할 테니 말이야. 냄새가 매캐하고 눈이나 코가 따가운 물질은 무조건 걸러. 알았지?

Q. 할어버지도 아버지도 담배를 피우셨는데 폐암에 안 걸리셨죠. 저도 담배를 피운 지 30년이 넘었는데도 폐암에 안 걸렸네요. 그러니 앞으로도 아무 문제 없지 않을까요?

A. 자신하지 마라. 암을 앞에 두고 자신감을 보이는 것 아니다. 그리고 담배 피우면 동맥경화, 뇌졸중의 위험이 얼마나 높아지는지 알고나 그런 소리 하나? 반신불수가 되고 말도 못 하게 되어야 후회할래?

독의 본질을 알면
저승사자와 마주칠 날도
늦출 수 있을 게다!

6장

세포 속 비밀

DNA는 무엇인가?

디옥시리보핵산 즉 DNAdeoxyribonucleic acid의 구조를 한번 살펴봅시다. DNA는 다음 네 가지 종류의 분자와 인산 음이온으로 만들어져 있습니다.

디옥시아데노신
deoxyadenosine(A)

티미딘
thymidine(T)

디옥시구아노신
deoxyguanosine(G)

디옥시시티딘
deoxycytidine(C)

이 분자들은 모두 공통적으로 왼쪽 아래에 오각형이 보일 것입니다. 이것은 디옥시리보스deoxyribose라는 당 분자예요. 당 분자 옆의 부분은 N, 즉 질소 원자가 많지요? 염기성을 띤다고 하여 염기라고 불러요. A, T, G, C라는 약어로 부를 수 있습니다. 이 분자들에 있는 오각형 당 분자를 인산 음이온으로 연결시켜 주면 DNA 한 가닥이 만들어집니다. 그 결과 오른쪽 그림에서 알 수 있듯 왼쪽 가닥 또는 오른쪽 가닥과 같은 것이 만들어집니다.

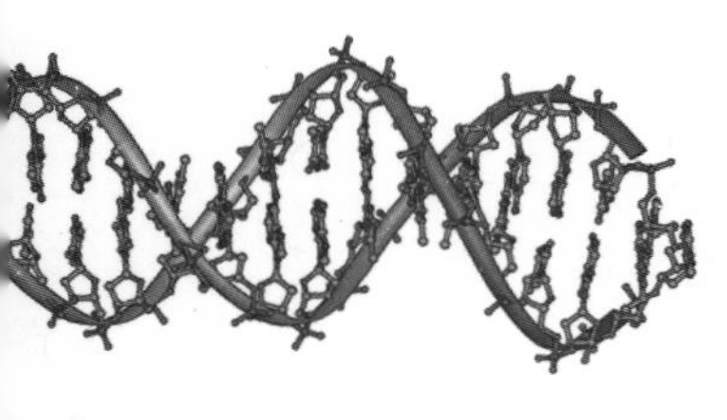

DNA의 이중 나선 구조

그런데 A는 T와 수소 결합으로 아주 강하게 결합하고, G는 C와 강하게 결합할 수 있지요. 그래서 DNA는 두 가닥이 모여서 왼쪽 그림과 같은 나선형의 구조를 만듭니다.

그런데 왜 생명체는 이렇게 이중 나선 구조를 가질까요? 우리의

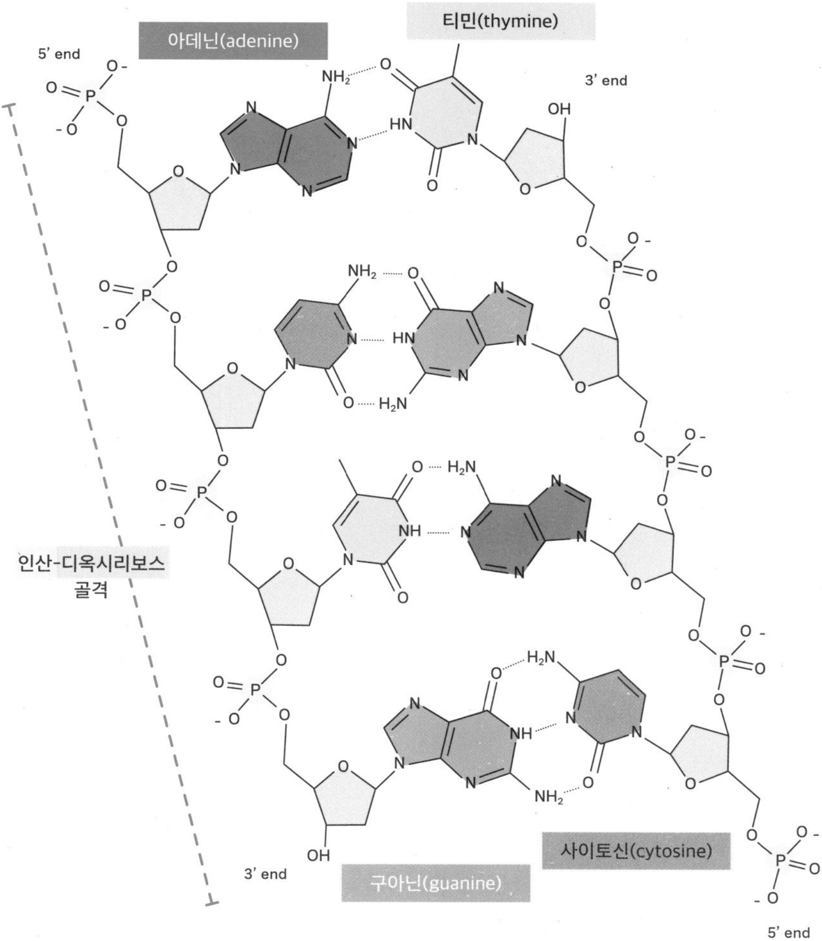

DNA의 분자 구조

유전 정보는 소중합니다. 자손에게 잘 물려주어야 하는 것입니다. 여러 가지 효소를 만들어 건강하게 살아가는 데도 필요합니다. 만약

DNA 한 가닥에 있는 염기의 일부분이 다른 염기로 바뀌게 되면 유전병이 생길 수도 암이 생길 수도 있지요. 그래서 소중하게 보관하여야 하지요.

만약 AAAAAAAAAAAAAAAAAAAAAAAAAAAAAAAA가 한쪽 가닥이라면 다른 가닥은 TTTTTTTTTTTTTTTTTTTTTTTTTTTTTTTT가 되어 있겠지요? 어떤 이유로 한쪽이 없어져 버려도 다른 쪽 가닥을 이용하여 없어진 부분을 다시 만들 수도 있습니다. DNA가 왜 이중 나선 구조를 만드는지, 어떻게 우리의 소중한 유전 정보를 보호할 수 있는지 이제 아시겠지요?

배운 것을 간단하게 복습해 봅시다.

1. (각각 당과 염기로 이루어진) 네 가지 종류의 분자와 인산 음이온으로 DNA를 만들 수 있다.
2. 네 가지 분자는 한 귀퉁이에 있는 A, T, G, C라는 염기의 종류로 구분이 된다.
3. DNA 한 가닥에 있는 유전 정보는 이 염기들의 순서에 따라 정해진다.
4. DNA가 두 가닥이 붙어 있는 이유는 유전 정보를 잘 보관하기 위함이다.

어때요? DNA도 분자네요. 그렇지요? 우리는 수많은 종류의 분자로 이루어진 분자 덩어리입니다. 지구상의 그 어떤 생명체도 그러합니다. 그래서 우리는 전적으로 화학적인 존재입니다.

게으른 자를 위한 화학 TIP

DNA가 분자라는 것을 배웠습니다. DNA 이중 나선 구조를 불안정하게 하는 PAH 화합물이나 뜨거운 음식, DNA 구조 자체를 파괴할 수 있는 오존, 질소산화물, 활성산소종 등을 적극적으로 피하는 것이 암을 피하는 좋은 방법입니다.

2

DNA에 있는 정보를 이용하는 법

DNA 이중 나선 구조 속에는 단백질을 만들 수 있는 암호가 숨어 있습니다. 이 DNA에 있는 내용을 mRNAmessenger RNA가 베껴 적지요. 마치 책에 있는 내용을 종이 위에 옮겨 적듯이 말입니다. 베껴 적는다고 하여 transcription전사, 轉寫이라고 합니다. 그런데 책에 있는 글씨체와 내가 받아 적는 글씨체가 다릅니다. 세포 입장에서는 이게 받아 적은 것이라는 구분을 할 수 있어야겠지요? 그래서 DNA는 A, T, G, C 염기로 이루어져 있고 RNA는 A, U, G, C로 이루어져 있습니다. RNA는 T 대신에 U라는 분자를 써서 '내가 RNA다. 나는 DNA가 아니다'라는 것을 알립니다.

이제 이 mRNA 위에 적힌 암호에 따라 염기 분자 3개당 아미노산을 하나씩 대응시켜서 아미노산의 고분자, 즉 펩타이드를 만듭니다. 마치 영어를 한국어로 번역하듯이 말이지요. 그래서 이 과정을

translation번역, 飜譯이라고 부릅니다.

암호가 쓰여 있는 mRNA 위로 tRNAtransfer RNA라는 RNA가 해당되는 아미노산을 하나씩 가져오고 rRNA라는 리보솜 RNA가 아미노산들을 연결시켜서 펩타이드를 만듭니다. 그러니 세 종류의 RNA가 서로 협동하여 펩타이드라는 아미노산의 사슬을 만드는 것이지요.

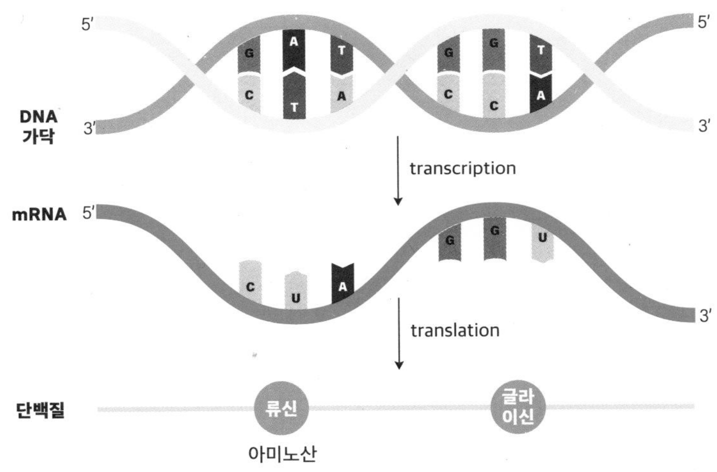

DNA로부터 단백질이 만들어지는 과정

이제 이 펩타이드가 리본, 나선, 판 등의 다양한 구조를 만들면서 3차 구조를 만들고 이 3차 구조들이 또 모여 4차 구조도 만듭니다. 이것을 단백질이라고 합니다. 이러한 단백질 구조 중에는 효소도 있지요.

효소들은 몸속에서 다양한 물질들을 만들거나 분해하여 우리가 살아갈 수 있도록 도와줍니다. 소화catabolic 효소는 음식을 분해하여 우리가 그것을 흡수하여 살아갈 수 있게 해 주고 합성anabolic 효소들은 인슐린, 호르몬 등을 만들어 우리가 건강하게 살아갈 수 있게 해 줍니다. 만약 DNA에 문제가 생겨서 암호가 잘못되어 버리면 효소가 제대로 안 만들어질 수 있겠지요? 만들어져도 제대로 작동을 못 한다든지 하는 문제도 있을 수 있고, 그러면 다양한 병이 생길 수 있습니다.

이제 우리는 DNA에 있는 유전 정보로 효소를 만들 수 있다는 것을 배웠네요. 이 효소들을 이용하여 우리 몸에 있는 수많은 물질들을 분해할 수도 새로 만들 수도 있으니 효소의 정보가 들어 있는 DNA가 손상되지 않게 하는 것이 건강을 지키는 데 아주 중요하다는 것을 알 수 있습니다.

게으른 자를 위한 화학 TIP

효소는 아미노산으로 만들어집니다. 또한 다양한 미네랄 성분도 효소를 만드는 데 필요하지요. 그러므로 우리 몸 안에서 효소를 잘 만들기 위해서는 필수 아미노산을 포함하여 단백질을 충분히 섭취하고 부족한 무기질이 없도록 하는 것이 필요합니다.

3

효소 심층 분석

DNA에 있는 효소 디자인 정보를 바탕으로 세 가지의 RNA가 서로 상부상조하여 효소 단백질을 만들어 냈습니다. 그런데 효소는 한 가지만 있는 것이 아니에요. 아주 많은 종류의 효소가 있지요. 그런데 이 많은 효소들은 하는 역할에 따라 크게 두 가지로 분류됩니다. 바로 catabolic 효소 패밀리와 anabolic 효소 패밀리가 그것입니다.

우리 몸에 음식물이 들어오면 이 음식물들을 분해하여 가장 작은 단위들로 만들어요. 단백질이 들어오면 분해하여 아미노산들을 만들고 녹말과 같은 탄수화물이 들어오면 가장 작은 단위인 포도당으로 만듭니다. 이렇게 분해하는 효소를 catabolic 효소라고 부릅니다. 스테로이드 중에 코르티솔은 catabolic 호르몬이라고 하지요? 무엇을 '분해'하도록 시그널을 주는 친구라서 그렇게 부르는 것이지요.

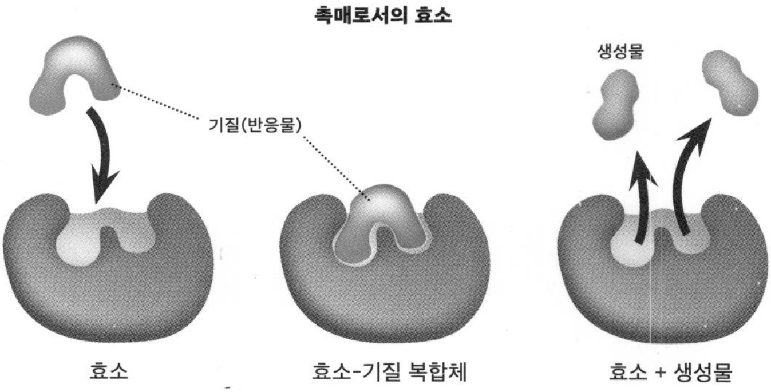

촉매로서의 효소

생성물

기질(반응물)

효소

효소-기질 복합체

효소 + 생성물

catabolic 효소의 작용

반면에 anabolic 효소들은 무엇을 '만들어' 냅니다. 아미노산을 이용하여 근섬유를 만들어 내는 것도 뼈가 자라게 하는 것도 지방 분자를 만드는 것도 다 anabolic 효소가 하는 것입니다.

요약한다면 우리가 살아가려면 외부에서 들어온 음식물을 분해하여 아주 작은 단위 분자를 만들고 이 분자들을 또 쌓아 올려 우리 몸에 필요한 것만 만들어야 하지요. 이때 각각 catabolic 효소, 즉 분해 효소가 작용을 하고 anabolic 효소, 즉 합성 효소가 작용을 하는 것입니다.

참 많은 종류의 효소들이 우리 몸에 있어요. 이 효소들의 설계도는 DNA에 있고요. 그러니 DNA에 있는 염기들이 얼마나 많겠습니까? 어떤 사람을 딱 180cm까지만 키가 자라게 하고, 머리카락은 갈색 반곱슬을 만들고, 코의 위치와 생김새와 높이를 정하는 등 수많은 정교한 작업을 효소들이 합니다. 또 사람의 형태가 되게 할지

개의 모양이 되게 할지 지렁이의 모양이 되게 할지도 모두 DNA 설계도에 의해 효소가 생기고 작용하여 생기는 현상입니다.

우리가 일상생활에서 효소라 하면 대부분 소화 효소밖에 생각하지 않습니다. 먹어서 우리 몸에 집어넣을 수 있는 것이 소화 효소밖에 없으니까요. 그러나 엄밀하게 말하면 이러한 효소 식품에 있는 효소들은 먹더라도 우리 몸, 즉 세포로 들어가는 것은 아니지요. 그냥 위나 소장에서 자기가 할 역할을 좀 할 뿐이고 결국은 다 분해되어 아미노산이 되어 흡수되든지 아니면 변으로 빠져나갈 뿐입니다.

우리의 생명 활동이 여러 가지의 효소들이 세포 속에서 하는 일, 즉 분자를 분해하고 새로운 분자를 만드는 것에 달려 있다는 것, 그리고 효소라는 것은 아미노산 분자들이 모여서 만드는 단백질 분자라는 것을 기억해 봅시다. 그리고 그 효소의 설계도는 DNA에 잘 저장되어 있다는 것도요.

게으른 자를 위한 화학 TIP

소화 효소를 가지고 있는 음식들 즉 키위, 파인애플, 파파야, 망고, 바나나, 아보카도, 생강, 마늘, 꿀, 김치, 간장, 된장 등은 소화가 안될 때 같이 먹으면 좋겠지요?

4

세포 속 우체국

이제 세포의 모양을 살펴봅시다. 세포 한가운데의 동그란 핵 바로 옆에 주름이 진 부분이 보이죠? 리보솜은 단백질과 RNA의 복합체인데 이 주름 부분에 붙어 있습니다. 핵에서 DNA가 좀 풀려나오

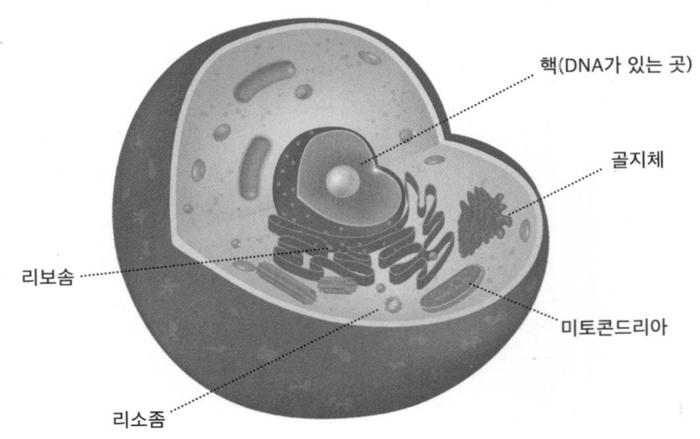

세포의 구조

면 그 DNA에 있는 정보를 받아 적은 mRNA와 tRNA가 협력하여 아미노산의 사슬(펩타이드)을 만들어 냅니다.

펩타이드가 접히고 꼬여 단백질을 만들었는데, 이런 단백질은 세포 밖으로 내보내야 할 수도 있겠지요? 그런데 이 단백질은 그냥 세포 밖으로 알아서 나가는 것이 아니라 잘 포장이 되어서 나가야 합니다. 우리가 다른 도시에 있는 친구에게 소포를 보내려면 우체국을 가야 하지요? 골지체golgi apparatus가 바로 그 우체국의 역할을 합니다. 단백질의 구조도 손을 좀 보고 포장도 잘해서 내보냅니다. 단백질뿐만 아니라 지질도 마찬가지의 방법으로 포장을 해서 보냅니다. 아래 그림을 보면 마치 주머니처럼 보이는 부분이 있지요? 납작한 막 구조의 주머니를 시스터나cisternae라고 합니다. 골지체 내부의 이 막으로 둘러싸인 공간을 루멘lumen 혹은 관내강이라고 하는데 거기로 단백질이나 지질이 들어오게 되고 포장을 해서 내보내지

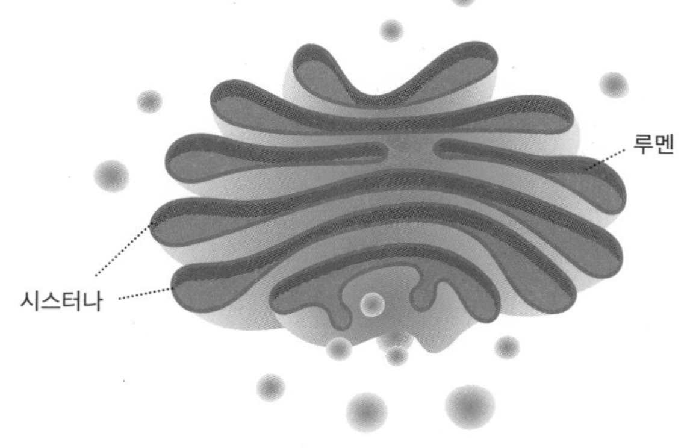

골지체

요. 아랫부분에 보이는 방울 같은 것들이 포장을 한 소포인 셈입니다. 이렇게 동글동글하게 포장을 해서 세포막에 끼워 넣거나, 세포 속 다른 소기관으로 보내거나, 아예 세포 밖으로 내보냅니다.

이번에는 골지체에 대해서 배웠습니다. 세포에 대해 알면 알수록 참 대단한 것 같습니다. 그 작은 공간에 우체국도 있다니 말입니다.

게으른 자를 위한 화학 TIP

세포의 구조를 자세히 보면 볼수록 단백질, 지방, 그리고 탄수화물을 골고루 부족함 없이 섭취하는 것이 세포의 건강에 참 중요하다는 생각을 하게 됩니다. 음식을 섭취할 때 한 종류의 영양소가 과하게 편중된 음식보다는 다양한 영양소를 고루 섭취할 수 있도록 균형 잡힌 식단을 꾸려야 하겠습니다.

5

생명의 에너지 교환권 인산

다음의 분자들은 ATP(아데노신 삼인산), ADP(아데노신 이인산), AMP(아데노신 일인산)라는 이름을 가집니다.

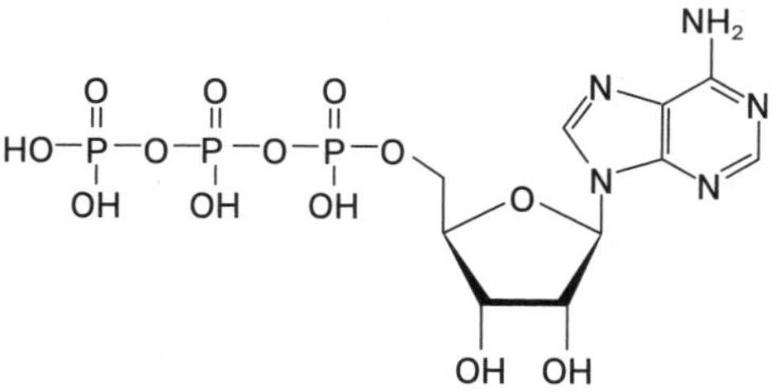

ATP

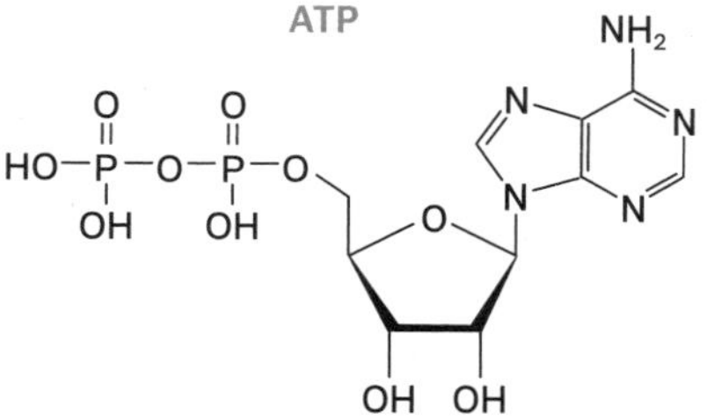

ADP

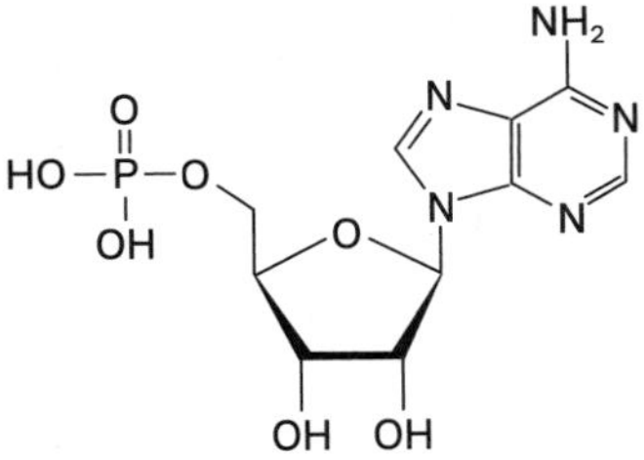

AMP

ATP에 물 한 분자를 더하면 ADP가 되고 인산 한 분자가 생기고 에너지가 방출이 됩니다. 마찬가지로 ADP에 물 한 분자를 더하면 AMP가 되고 인산 한 분자가 생기고 에너지가 방출이 됩니다. 여기에서 알 수 있는 것은 P-O 결합에 에너지를 저장하고 있다가 필요할 때 에너지를 방출하여 사용한다는 것입니다.

ATP + H_2O → ADP + H_3PO_4 + 에너지

ADP + H_2O → AMP + H_3PO_4 + 에너지

만약 우리가 밥을 먹어서 에너지를 저장하려면 AMP, ADP에 인산을 붙이면서 최종적으로 ATP를 만들면 되겠지요?

AMP + H_3PO_4 + 에너지 → ADP + H_2O

ADP + H_3PO_4 + 에너지 → ATP + H_2O

우리 세포에서 ATP를 만드는 곳이 미토콘드리아라는 곳입니다. 놀라운 사실 하나 알려 드리지요. 세포의 핵에 있는 DNA는 엄마와 아빠가 1/2씩 기여를 하여 만듭니다. 그러나 미토콘드리아 DNA는 엄마한테서 온 것밖에 없어요. 그러니 어머니, 외할머니 그리고 외증조할머니, 외고조할머니 이렇게 계속 올라가는 것이지요.

그건 그렇고 지금 우리가 기억해야 할 것은 인산이 아데노신 분자에 붙고 떨어지면서 에너지를 저장하기도 하고 사용하기도 한다는 것이지요. 예금 통장에 돈이 들어오면 좀 더 부유해지고, 통장에서 돈이 나가면 좀 더 가난해지지요. 인산 분자가 딱 그 역할을 하는군요. 인산이 아데노신 분자에 많이 붙을수록 에너지가 더 많이 저장되고, 떨어져 나갈수록 분자의 에너지는 줄어듭니다. ATP, ADP 분자에서 인산 분자가 떨어져 나가면 에너지가 방출됩니다. ATP, ADP 분자의 P-O 결합을 끊어 내면서 에너지를 빼내고 이걸로 체온도 유지하고 말도 하고 운동도 하고 살아가는 것입니다.

지구에 있는 생명은 모두 ATP를 만들어 쓰며 살아갑니다. 곰팡이, 박테리아조차 그러하지요. 생명을 분자 수준으로 들여다보면 볼수록 모든 것은 연결되어 있다는 생각이 듭니다. 정말 대단하지 않나요?

게으른 자를 위한 화학 TIP

세균으로 오염된 정도를 측정할 때 ATP 테스트를 합니다. 어떤 생명체도 ATP를 사용하여 살아가기 때문에 검사한 곳의 ATP 수치가 높으면 세균이 많고 ATP 수치가 낮으면 세균이 적다는 논리에 기반한 세균 오염도 측정법입니다.

6

누가 콜레스테롤에게 돌을 던지는가?

'콜레스테롤 수치가 높습니다'라는 말만 들어도 바들바들 떠는 당신. 의사의 처방대로 약은 먹어야겠지만 그 이전에 콜레스테롤에 대한 오해는 풀고 갑시다.

먼저 우리는 콜레스테롤 없이는 살아갈 수 없습니다. 왜냐면 우리의 모든 세포는 콜레스테롤 때문에 존재할 수 있기 때문이지요. 다음 그림에서 알 수 있듯이 세포의 막은 인지질(동그란 머리에 줄기가 2개인 콩나물처럼 보이는 것들)이라는 계면 활성제가 2개의 층으로 되어 있는 구조를 가집니다. 그런데 세포막에 마치 잣처럼 생긴 것들이 보이지 않나요? 그것이 바로 콜레스테롤입니다. 세포가 구조를 유지하는 데 필수적인 요소지요.

성gender을 본인이 어떤 식으로 정의하건 간에 사람의 몸속에는 남성호르몬, 여성호르몬이 있습니다. 이러한 성호르몬은 콜레스테

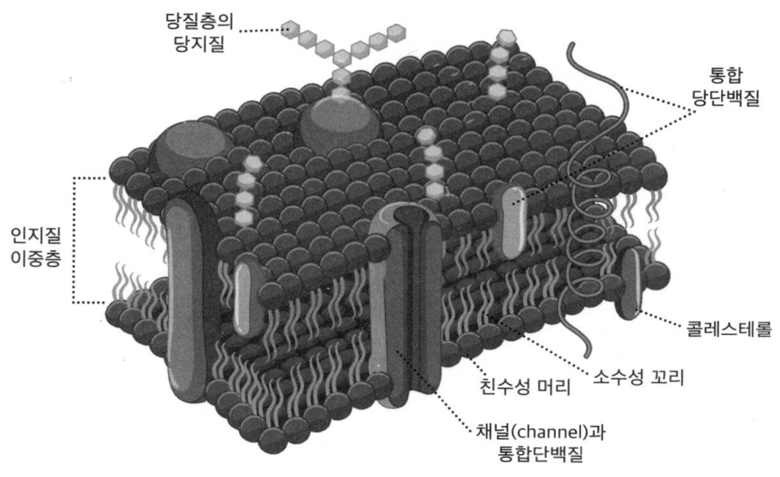

세포막의 구조

롤에서 만들어 냅니다. 그러니 콜레스테롤이 없으면 아이를 가지는 것도 불가능하겠지요?

뼈를 튼튼하게 해 주는 비타민 D도 콜레스테롤에서 만들어집니다. 또한 우리가 스트레스를 겪게 되면 우리를 보호해 주는 코르티솔 호르몬도, 소화를 도와주는 담즙산bile acid도 콜레스테롤에서 만드는 것입니다. 그러니 콜레스테롤이 없으면 뼈도 약해지고, 소화도 안되고, 스트레스 상황을 극복하는 데 좀 힘이 들겠지요?

우리 몸은 콜레스테롤을 만들어 내기도 하고 음식에서 얻기도 합니다. 몸에서 만드는 것이 80%나 차지하지요. 어떤 세포가 처음 생기게 되면 세포막을 만들기 위해 콜레스테롤이 필요합니다. 그러면 우리 몸은 혈관을 통해 콜레스테롤을 보냅니다. 세포가 '어? 콜레스테롤 너무 많은데?' 그러면 필요 없는 콜레스테롤은 뱉어 내겠지요? LDL저밀도 지방단백질, Low-Density Lipoprotein이라는 것이 바로 콜레스테롤을 실은 택배 차량입니다. LDL에 콜레스테롤을 실어 세포로 보냅니다. 간혹 반송을 할 때도 있겠지요? 이때 쓰이는 반송 차량이 HDL고밀도 지방단백질, High-Density Lipoprotein입니다. 세포는 HDL에 콜레스테롤을 실어 반송을 하지요. 그리고 혈관이 바로 고속도로입니다.

그런데 간혹가다 택배 차량 LDL이 교통사고가 나서 파손되면 어떻게 되겠어요? 그렇죠. 콜레스테롤이 쏟아지겠지요. 고속도로인 혈관에 콜레스테롤을 쏟아 버리게 되면 그게 바로 혈관에 '콜레스테롤이 쌓여 있는' 상태를 만드는 것이지요.

이제 정리를 해 볼까요?

1. 콜레스테롤이 없으면 나는 존재할 수 없다. 남자도 여자도 아니다. 뼈도 약하고, 소화도 못 시키고, 스트레스도 못 푼다. 그러니 콜레스테롤 입장에선 참 억울합니다. 안 그렇나요? 기껏 살게 해 주었더니 악당 취급하고.
2. LDL에 콜레스테롤을 실어 세포로 보내고 세포에서 필요 없는 콜레스테롤은 HDL에 실어 내보낸다. 즉 LDL은 반가운 택배 차량이고 HDL은 반송 차량이다. LDL이 오다가 도로에서 뒤집히면 혈관에 콜레스테롤이 쌓인다.

마지막으로 의사 선생님이 '이제 약 먹읍시다' 그러면 그렇게 하세요. 마음 편하게 약 드세요. 콜레스테롤 수치를 줄이기 위해 산에서 자라는 풀 뜯어 먹겠다고 자연인이 되거나 수많은 검증되지 않은 건강 상식을 맹목적으로 따라 하지 맙시다.

게으른 자를 위한 화학 TIP

콜레스테롤을 세포로 전달하는 LDL은 지방도 세포로 전달합니다. 많이 먹어서 몸속에 지방이 많이 들어오거나 생기면 이 지방을 세포에 쌓기 위해서 지방 세포의 막도 키워야 하겠지요? 그러니 몸에 축적되는 지방의 양이 많으면 콜레스테롤이 더 많이 필요하게 되고 자연스레 LDL의 수치가 높아지겠지요?

또 하나 생각해 봅시다. 지방을 먹으면 몸에 지방이 들어오는 것은 누구나 알지요. 그런데 탄수화물을 지나치게 많이 먹어도 남는 탄수화물이 지방으로 바뀝니다. 그러니 지방이 하나도 없는 탄수화물을 많이 먹어도 지방이 지방 세포에 차곡차곡 쌓입니다.

게으른 자가 건강해지는
독 탈출 Q&A

Q. 음식과 약이 언제 독이 되는지 알게 되어 좋아요. 그런데 세포까지 공부할 필요 있나요?

A. 세포 공부 어렵지. 안다 알아. 그런데 세포를 알고 우리 몸이 어떻게 작동하는지 알면 왜 이건 먹으면 안 되고 저건 되는지 이해가 되잖아. 속 시원하잖아. 효과 없는 '해독 제품'도 안 사는 지혜도 얻으니 좋잖아. 그러니 그냥 공부해.

Q. 독을 만드는 동물(거미, 전갈 등)의 DNA는 뭔가 특별한 게 있나요?

A. 특별하지. 걔네들은 유전자에 독을 생성하는 효소를 만드는 정보가 들어 있어. 걔네들은 유전적으로 또 가까운 경우가 많아. 친척이라 생김새도 성품도 닮았어.

Q. 박테리아도 ATP를 쓴다고요? 그리고 사람하고 지렁이가 유전적으로 겹치는 부분이 많다고요? 믿을 수가 없어요. 유전자니 뭐니 다 거짓말인 것 같아요. 돈 벌려고 사기 치는 것 아닌가요?

A. 믿기지 않겠지만 사실이다. 근데 너는 다음 생에는 반드시 지렁이로 태어나게 해 줄게. 그게 맞는 것 같다.

Q. 저는요. 기름기 있는 것은 전혀 안 먹는데 왜 체지방이 늘어날까요?

A. 대신 밥 많이 먹지 않아? 음료에 시럽 듬뿍 넣어서 마시거나 말이야. 당이 우리 몸이 원하는 이상으로 지나치게 많이 몸에 들어오면 우리 몸이 그걸 지방으로 바꿔서 그래. 그러니 밥도 적당히 먹어. 알았지?

Q. 나이가 들면 소화 능력이 떨어지는데 소화 효소가 들어 있는 음식을 즐겨 먹으면 좋겠네요?

A. 당연히 좋지. 망고, 바나나, 무, 아보카도 같은 것을 식사할 때 조금씩 곁들이면 참 좋겠지. 그리고 나이가 들수록 음식 앞에서 너무 많은 욕심을 가지지 않는 것이 큰 지혜야.

허허, 세포까지 꿰뚫었다니.
대단하도다.
이제 몸과 마음 모두
건강하게 지내도록!

에필로그

이제 우리는 독이 무엇인지 우리 몸에 들어와서 무슨 일을 하는지 잘 알게 되었습니다. 적을 알게 되었으니 잘 피할 수도 있게 되었습니다. 독은 극복하는 것이 아니고 잘 피해야 한다는 것도 배웠지요. 이젠 '끓이면 돼. 끓이면 독 없어져', '안 맞는 음식도 자꾸 먹으면 면역 생겨서 괜찮아'라고 말하는 사람과 절연해야 한다는 것도 알게 되었지요.

약을 먹을 때 같이 먹지 말아야 하는 음식이 무엇인지도 잘 알게 되었습니다. 음식이나 약의 좋은 궁합을 찾기보다 좋지 않은 궁합을 아는 것이 훨씬 쉽고 유용하다는 것도 알게 되었지요.

우리 몸에 들어왔을 때 명백한 해를 끼치는 독들이 있습니다. 알코올이 그렇고 니코틴이 그렇고 마약이 그러합니다. 당뇨와 비만을 불러오는 설탕도 그렇지요. 그런데 뱀의 독은 무서워하며 피하지만 설탕, 알코올, 니코틴은 적극적으로 피하지 않는 분들이 세상에는 많습니다. 유전자에 돌연변이가 생기면 암이 생길 가능성이 매우 높아지지요. 알코올과 비만은 암을 불러올 수 있다는 연구 결과가 넘치게 많은데도 그러한 사실에서 눈을 돌립니다. 호기심에 마약에 손을 대고 비참한 죽음의 길로 들어서는 것이 인간입니다.

이 책을 통하여 우리의 몸에서 독이 무슨 일을 하는지 잘 알게 되면 몸에 해악을 끼치는 물질을 몸에 집어넣는 것에 조금은 더 주저하게 될 것으로 기대해 봅니다. 그리고 '해독', '디톡스'를 찾기 전에 독을 몸에 집어넣고 쌓아서 몸에 영구히 손상을 입히는 행위 자체를 꺼리게 되기를 기대합니다.

다시 한번 강조합니다. 독은 극복하는 것이 아니고 회피하여야 하는 것입니다. 화합물로 이루어진 우리의 몸은, 몸이 필요로 하는 것만 적당히 잘 넣어 주고 많이 움직이면 건강하게 잘 작동합니다. 독을 잘 회피하기만 한다면 많은 분들이 건강을 유지할 수 있을 것입니다. 이 책이 여러분들의 '건강 지킴이'가 되어 각 가정에 행복을 가져다주길 진심으로 바랍니다. 모두들 건강하고 행복하게 지구 행성살이를 즐기시기 바랍니다.

게으른 자를 위한
아찔한 화학책

2025년 05월 28일 초판 01쇄 인쇄
2025년 06월 11일 초판 01쇄 발행

지은이 이광렬

발행인 이규상 편집인 임현숙
편집장 김은영 책임편집 정윤정 책임마케팅 윤선애
콘텐츠사업팀 강정민 정윤정 박윤하 윤선애
디자인팀 최희민 두형주
채널 및 제작 관리 이순복 회계팀 김하나

펴낸곳 (주)백도씨
출판등록 제2012-000170호(2007년 6월 22일)
주소 03044 서울시 종로구 효자로7길 23, 3층(통의동 7-33)
전화 02 3443 0311(편집) 02 3012 0117(마케팅) 팩스 02 3012 3010
이메일 book@100doci.com(편집·원고 투고) valva@100doci.com(유통·사업 제휴)
블로그 blog.naver.com/100doci_ 인스타그램 @blackfish_book X @BlackfishBook

ISBN 978-89-6833-498-6 03400